リタイアライフが10倍楽しくなる

定年デジタル

吉越浩一郎

ワニブックス
PLUS新書

はじめに

59歳8カ月の時、私は35年の会社生活からリタイアしました。それから、約12年がたちます。

日本の企業の約8割の「定年年齢」は60歳。再雇用などの形で65歳まで働き続ける方もいれば、中には「死ぬまで働くぞ」と目論んでいる方もいらっしゃるかもしれません。

とはいえ、私も含めてどんな人にとっても「定年」というタイミングは、やはり人生の大きな節目のひとつだと思います。いや、人生の上で非常に大きな変化に遭遇することになるので、むしろ一番大きな節目といえます。どなたでも60歳が近づけば、多かれ少なかれ「会社をやめたあとの人生」を考えることになります。

年齢に多少の違いはあっても、それまでの会社勤めをメインとした生活から、まったく違う生活を始めるのですから当然のことです。

しかし、周囲を見渡すと「定年が楽しみでしかたない」というより、「定年後はいったいどうしよう」「どんなふうに暮らせばいいんだろう」「そもそも暮らしていけるのだろうか」といった、不安を口にする方が多いように思います。

確かに「貯金と年金だけで一生安泰、今すぐ仕事をやめても問題ない」という人は少ないでしょうし、経済的には多少余裕があっても健康に不安を感じている人もたくさんいます。

けれども多くの人の「定年後に対する不安」は、お金と健康の問題だけではないように思えてなりません。むしろ、会社との関わりがなくなった時、家庭や社会の中で自分がどう生きればいいのだろう、という漠然とした不安ではないでしょうか。

私はリタイアしてから自分で小さな事務所を作り、本を執筆したり、時々講演会をお引き受けしたりしながら、1年の半分ずつを日本と妻の故郷であるフランスで交互に過ごしています。最初のうちは自宅とは別にオフィスとして部屋を借りていましたが、今は事務所といっても住所は自宅。留守がちなのでオフィスの家賃がもったいないし、留守番の方をお願いするのも人件費がタイヘン。この辺を節約した結果、さらにマイペースで暮らしています。

会社をやめた時はまだ60歳前でしたから、もしかしたら読者の皆さんと同じか、もっと若かったかもしれません。けれども、その後「もっと会社で仕事を続けていればよかった」「他の会社で働いてもよかった」と思ったことは一度もありませんし、自分の人生を振り返って、「今がたぶん一番いい時期かな」と思っています。仕事は苦労も多かったけれど、楽しいこともたくさんありました。退任まで14年間社長を務めたトリンプ・インターナショナル・ジャパンでは、思うように仕事をさせてもらって、業績も残せました。

けれど今のほうがずっと楽しい。実はやめる前から、私は「定年後」が楽しみでしかたなかったのです。時間ができたらあれもしたい、これもしたい、と思うことばかりだった。

退職金がたくさんあったからそんなことが言えるのだろう、とおっしゃる人がいるかもしれないけれど、別にお金がかかることがしたかったわけではありません。仕事のしがらみなく友だちと気兼ねなくしゃべりたいとか、妻とのんびりおいしいものを食べたいとか、好きな時にゴルフに行きたいとか、もう背広なんか着なくていいのだからオシャレなシャツがほしいとか、積んだままだった本を読みたいとか、海外ドラマを見たいとか、そんなごく当たり前のことばかりでした。

おかげで、それ以来毎日遊ぶのに忙しいこと忙しいこと。最近は「遊び続けるにはやっぱり体が資本」と、ジムに行ったりウオーキングの時間を延ばしたりして、元気よく妻や友だちとゴルフをしたり食事をしたりしています。

「年の半分をフランスで過ごす」と言うとすぐ「セレブは違うね」などと言われますが、特別に優雅な生活をしているわけではなく、単に妻の故郷と自分の故郷を半々で過ごしているだけのことです。安い航空券はいくらでもありますし、生活費は日本より間違いなく安いので、年に数回の往復はさほど大きな負担にはならず、会社時代よりもずっと自由に自分の人生を生きています。

そんな日々の中で依頼されたのがこの本の執筆でした。「定年前後のオジサンたちのための本を書いてほしい」という依頼だった。以前別の出版社から『定年が楽しみになる生き方』（WAC）という本を出したことがあるのですが、「もっと具体的にアドバイスを。いまだにガラケーを使っているようなオジサンたちにスマホぐらい使え、とすすめてあげてほしい」と言われたのです。

私より少し若い世代の人が元気を出してくれるなら喜んで、とお引き受けしましたが、ちょっと気になったのは「ガラケーをいまだに使っているオジサン」という言葉でした。「ガラケー持ってる人はダメなの?」と聞くと「ダメということはないけれど、ガラケーというのは時代に乗り遅れている人、デジタル系の便利な新製品が使いこなせない人の象徴だから」「吉越さんのようにオジサンたちもスマホやパソコンをどんどん使いこなしてほしい」と言うのです。

確かに私は若い頃から新しいもの好きなこともあって、かなり早くからiPhoneを使っていました。また、パソコンも使い勝手とデザインが楽しいので、リタイア後は会社で使われていたWindowsのパソコンではなくアップル社のMacを使っています。iPhone以前は私も普通の携帯電話、最近はガラケー(日本独自で進化してしまったという意味で、ガラパゴス島の生き物になぞらえたそうです)と言われているものをずっと使ってきました。

妻も最近「ガラケー」という言葉を覚えて、「あ、あの人まだガラケー。うふふ」なんて笑ったりしています。昔ながらのケータイは「フィーチャーフォン」とも呼ばれているようですが、もはや「ガラケー」の名称は完全に定着してしまったようです。

使い慣れてしまうとｉＰｈｏｎｅはやっぱり便利なので、私も妻も、今から再びガラケーに戻すのはちょっと無理そうなのですが、だからといってｉＰｈｏｎｅのおかげで、定年後の生活が充実しているわけではありません。

ｉＰｈｏｎｅやパソコンは私も妻も無条件に毎日使っていますし、便利なのは確かです。

そこで、あえて「もしスマホもパソコンも使っていなかったらどうだろう」と、あらためて考えてみました。

外出先で地図が見られないと不便、手帳を持っていないので予定がわからない、ネットで買い物ができない、旅行先の天気がわからない、友だちと連絡がとりにくい、すぐに写真が撮れない……などが思いつきますが、よく考えてみればだいたいのことは、スマホとパソコンがなくてもどうにかなります。地図を持って歩く、紙の手帳を持つ、買い物は店に行く、天気予報はテレビで見る、写真は小型のデジカメがあればいい。ただ、さすがにちょっと困るな、と思ったのが「友だちとの連絡」でした。

もはや電話番号、住所、メールアドレスなどはほとんどパソコンの中。パソコンの中身はiPhoneからも見られるのですが、これが両方ともなかったら、私はヘタをすると「音信不通」の人となり、友だちから「吉越はどうしたの」「もしかして入院でもしちゃった?」と言われること間違いなし、なのです。

うーーーーん。これはかなり困ります。

こうした「道具」がなくなった時に、一番の問題はさまざまな「連絡」の手段が失われかねないということなのです。別にiPhoneに限ったことではなく、これはガラケーでも同じでしょう。携帯電話が普及してからと言うもの、私たちは「よくかける電話番号を自然に覚えてしまう」という習慣を失いました。ダイヤルを回す、押す、ということがほとんどなくなったため、自分の会社の電話番号や、家族のケータイ番号さえ覚えていない、という人は珍しくなくなりました。

結局、ガラケーやスマホを紛失したりすると、いまやほとんどの人がいきなりパニックになりかねないというわけです。私たちの年代ならば「年賀状が来ていたはず」とか「昔の住所録を探せば」とか「名刺を探してみよう」という手もありますが、若い人になると、最初から住所録は作っていないとか、年賀状のやりとりをする習慣がないということも多いといいますから、ダメージはもっと大きくなるでしょう。

これは裏返せば、人がどれほど「連絡先」を大事にしているかということです。家族、友人、知人の電話番号、メールアドレス、そして住所、それらが全部失われてしまうことは計り知れないほど大きな不安です。いくら孤独を愛する人であっても同じだと思います。

人間は社会的動物ですから、コミュニケーションなしに生きていくことはできません。毎日顔を合わせていない人、離れて住む人も含め、多くの人と関わって生きていきたいと願っているものなのです。一部にせよ、そのコミュニケーション手段が失われてしまうことは人生にとってかなりのダメージとなります。

定年後の生活が「楽しそう!」「楽しみだ!」と感じられない人が多い最大の理由と

いうのは、実は定年後の社会との関わり方、いわゆる「コミュニケーション」に対する不安なのではないかと思うのです。

長年、会社の仕事に多くの時間を費やさざるを得ず、人間関係といえばほとんどが社内の上司、同期、部下と取引先という人は少なくありません。「会社」を離れてしまった時、自分は誰とどういうコミュニケーションをとり、関係を築いて生きていけばいいのかという不安は、誰でも多かれ少なかれ持っているのではないでしょうか。たぶんそれは、経済的な不安よりも実は大きいのかもしれません。

スマホを持っていたからといって、それだけで定年後が楽しくなるわけではありません。別にパソコンが使えないと老後が真っ暗になる、などということもありません。

けれどもスマホとかパソコンというのは、そのコミュニケーションの道具として非常に便利だということは、あらためて知っておいていいのではないかと思うのです。

私自身、自分の周囲を見回してみると、日常的に家族や知人とのコミュニケーションのかなりの部分をスマホやパソコンを通してやっていますし、日々の楽しみをこれらのツールが支援してくれているように思います。

スマホやパソコンなどに代表されるデジタルツールというのは、いろいろなことができすぎて「万能選手」のようなものに思えますが、実際のところ最大の特徴はコミュニケーションのための道具として便利だということです。

もちろんコミュニケーションのためのツールは、スマホである必要はありません。会って話すことができればそれが一番なのは当然ですし、昔ながらの手紙でも、メモでもいい。私は通信会社や家電メーカーの回し者ではありませんから、「あれを買え」「これを買え」とおすすめするつもりは毛頭ありませんが、スマホに限らず「今どき」の道具をうまく自分にあった形で使ってみることがきっかけになって、定年でいったん閉じそうになった世界を拡大し、時にはまったく新しい世界を広げることもできるのではないか、と思うのです。

今回の本では、これまでとは少し趣を変えて、定年後の人生をより楽しく過ごすために参考になりそうなスマホやパソコンなどの「使い方アドバイス」などもするつもりです。私はこうしたツールの専門家ではありませんが、皆さんよりも少し先輩の、ＯＢサラリーマンとして、提案してみようと思います。そもそも70歳すぎの素人の私が使っているていどのものしかおすすめはできませんが、だからこそ、気楽にいろんなことをためしてみてください。

リタイアした私の経験が、少しでも皆さんの役に立てることを願っています。

会社の名前と肩書から解放されて自由になったあなたが、あなた自身の人生を楽しく歩んでいけますように。必要なのは、ほんのちょっとばかりの勇気だと思います。

【注】この本で紹介するサービス・アプリはｉＰｈｏｎｅ、Ａｎｄｒｏｉｄどちらの端末でも利用可能です。ただし画面表示は多少違う場合があります（本に掲載した画面はｉＰｈｏｎｅ、ｉＰａｄ、Ｍａｃのいずれか）。

第2章 ガラケーは捨てなくてもいい……57

第1章

定年後の「コミュニケーション」を立て直す

定年後の幸福度が低すぎる

最近「定年」というタイトルがついた本がよく売れているのだそうです。

確かに、人口の多い世代がいっせいに退職時期を迎えている、ということも背景にあるのかもしれませんが、必ずしもそれだけではないように思います。

現在日本の企業の定年年齢は約8割が60歳。再雇用制度を利用して65歳まで働く人が多いのはご存知のとおりですが、多くの人が60歳が近づいた頃から「定年」という言葉を意識することになるのでしょう。

ところがこの「定年」という言葉にさまざまな不安を感じ、「定年後」が楽しみどころか、憂鬱になっている人が多いと聞きます。一方で「生きてる限りオレは働く！」と宣言する、すごく元気な65歳、70歳以上の方もいます。

最近、朝日新聞のコラムでこんな記事を見かけました。多くの先進国の調査において、「幸福感・満足と年齢の関係はU字形だ」というものです。人生における幸福感がまずもっとも高くなるのは15〜24歳で、年齢とともに少しずつ低下するものの、55〜64歳で上昇に転じ、さらに65〜75歳で高くなる。「不安感」がもっとも高いのは35〜44歳、ストレスや怒りを感じるのは25〜34歳がピークだそうです。

これは英語圏での調査ですが、日本ではまったく様子が違っています。日本人の幸福感は年齢とともに下がっていく一方で、「底」は67歳。その後、無事に生き延びても幸福感はほとんど高くならないそうです。幸福グラフはU字にならず、L字になったまま。しかも、その「L字」の横棒が、すごーーく長いのです。

「幸福感」の前提には、体が元気なことはもちろん、経済的に安定していることも大きな要素のひとつです。けれども各種の調査によれば、シニア層の経済状況が厳しくなっているのは日本もアメリカももはや変わりません。しかし欧米の場合はそれが「幸福感」の低下につながっていないのです。

老後の経済的な安定が、他国に比べてそこまで極端に低いとはいえないのに、なぜ日本人のシニア層だけ高年齢になってからの「幸福感」がまったく高くならないのか。シカゴ大学のある調査結果のなかに、その答えのヒントがあります。

「57〜85歳のアメリカ人の75％は週1回以上の社会活動に参加している」ということです。隣人との交流や、ボランティア活動、地域の教会活動などです。しかも80代になると、活動への参加は50代の2倍に増えるのです。この「社会参加」の多さが日本との大きな違いではないのかと思います。

人間はどれだけ経済的に余裕があっても、社会的な活動、つまり人間同士のコミュニケーションがなければけっして生きてはいけません。どれほど長生きしても、誰とも関わらずに息をしているだけだったら、それは人間としての幸福な生き方とはいえないのです。

日本のシニア層の「幸福感」の低さとは、社会的なつながりの薄さそのものなのではないでしょうか。家族はもちろん、隣人や地域の人たち、ゴルフ仲間、スポーツジムの仲間、勉強仲間、幼馴染み、ボランティア仲間、これらのすべてが社会的なつながりです。参加する目的や立場はそれぞれ違っていても、そこには必ずコミュニケーションがあります。

よく定年後に男性がなんとなくしょんぼりしてしまうのは、「やること」がないからだ、といわれます。本人も「自分は仕事以外に趣味もないから時間がつぶせない」と心配している。

もともと日本人というのは、とても勤勉です。もちろんそれは美徳のひとつでもあります。「元気なうちはずっと働きたい」と答える人が世界的にも図抜けて多い。さらに政府は「ニッポン一億総活躍プラン」なんてことを言っています。「生きがいが大事」「社会参加して元気に過ごしてね」ということなのでしょうが、うがった見方をすると今の年金制度じゃ食わせていけそうにないから、国民は全員死ぬまで働いて食っていけと言われているようなものじゃないか、という気もします。

確かに年金についての問題はあるけれど、生活していくために、またそれ以上に「生きがい」を感じるためには「死ぬまで働く」ことしか選択肢がない、ということは大きな問題なのではないか、と思います。

1日でも早くリタイアしたい欧米人

日本人が勤勉で真面目だからということより、日本の男性が「仕事」以外に生きる目的を持っていなかった、ということを考え直したほうがいいでしょう。若い世代の考え方はずいぶん変わってきたと思いますが、「団塊の世代」（私もこの世代です）、そしてちょうど今60～65歳を中心とした世代の男性は、本当に仕事熱心で、会社一筋だった人が多いはずです。

残業続きでろくに眠らず毎日働き、休日出勤は当たり前、代休も有給もとらず、人によっては長期間にわたって単身赴任。そんな人はめずらしくないでしょう。とはいえ率直に言って、これはまともな働き方ではありません。何のための家族なのか、何のための人生なのか。

私は外資系の企業で長く働き、妻がフランス人ということもあり、多くの外国人の友人知人がいますが、彼らの基本は「できることなら1年でも早く仕事をやめたい」です。

現実的には海外の場合にも、年金受給の開始年齢までは働く、というより働かざるを得ないので、これは海外も日本も大差ありません。

アメリカの場合は、従業員が会社と「自分は60歳まで働く」という契約を交わして仕事をしますが、年金受給開始年齢の65歳まで働くケースが多いようです。ただ、現在開始年齢は段階的に67歳に引き上げられている途上です。

フランスは１９８３年に「早く高齢者は退職し、若い世代の雇用を増やそう」という目的で、年金受給年齢を65歳から60歳へ、５年も引き下げたのですが、２０１０年の年金改革によって引き上げられて、受給開始が62歳からとなっています。フランス人というのは、ご存知のようにもともと余暇を非常に大切にする国民性で「休暇のために働いている」と言っていいくらいです。実際、ＳＯＦＲＥという調査会社によると、フランス人の９割近くは「60歳以下で退職したい」と答えており、「理想の退職年齢は55歳以下」と答えた人が45％もいます国によって一般的なリタイア年齢は多少違っているものの、やはりもっとも大きな差というのは「できれば働きたい」のか「できれば働きたくない」のか、という意識の違いです。海外の人は「いつまでも働きたくないよ！」というのが圧倒的多数で「早くリタイアしたいなあ、リタイアする日が楽しみ」というのが「当たり前」の感覚です。知り合いのドイツ人の中には、毎日、定年までの日数をカウントダウンしていた人がいたくらいです。終身雇用・年功序列制という独特の企業風土の中、世界に名高いその勤勉さをもって会社勤めを続け、いよいよ定年が近づいてきた時それを心から「楽しみ！」と思えないのは、絶対に「よくない！」と私は思うのです。フランス人と同じようになれ、ということではありません（フランス人のバカンス好きは尋常じゃないので）。でも、「することがないから仕事をしたい」「仕事以外に時間の使い方がわからない」なんて寂しいことを言わないでほしいのです。フランス人のバカンス好きの理由は家族と海とか山に行って家庭生活を営むことにあります。どこに重点があるかというと、行く場所よりも、家族といっしょに過ごすこと自体を重要視していて、それを楽しみます。日本人は現役のとき家庭を犠牲にしてまで働いてしまうため「家庭生活を一緒に楽しむ」

ということができなくなってしまうのです。

59歳で会社勤めからきっぱり足を洗った

私自身は60歳になる少し前に会社勤めの日々を終えました。トリンプ・インターナショナル・ジャパンという会社の社長だったので、正確には「定年」とはいえませんが、だいたい皆さんと同じような年齢です。いや、再雇用などで働いている方のほうが多いかもしれないので、皆さんより早めにリタイアしたことになります。

留学をしたりしたせいで、私は皆さんより遅れて25歳で働き始めましたが、35年近い仕事人生でしたから、当時はそれなりの「感慨」のようなものはありました。退任後にはいろいろ「再就職」のお話もいただきました。声をかけてもらったのはうれしかったし、正直なところ多少は迷いもありました。もう少しやってみようかなあ……なんて。

けれど、いろいろ考えて「やっぱりやめよう」と決心したのです。せっかく自由になれるのだから、もう何もかも自分でやったほうがずっと気楽じゃないか、と。

それに私はトリンプの社長だった時、すべてをオーナーに任せてもらえていました。ワンマンオーナーだったからできたことですが、このまま業績さえ上げ続けてくれれば何でも思ったとおり進めてかまわない旨の暗黙の了解を得ていました。いいと思ったことはすべて自分で決め、さまざまな社内改革も行った。その後書いた本のなかで紹介した、「早朝会議」「残業ゼロ」「デッドライン仕事術」といったものは、その当時に実践していたものです。幸いなことに日本に転勤してきてからの19年間増収増益が続き、ずっと自由に仕事をすることができたのです。

だから、ほかの会社からの誘いがあった時、トリンプ以上に、自由に思いどおりに仕事ができるとは思えなかったのです。

多少の迷いはあったものの、とりあえず「吉越事務所」というものを作ってみました。友だちには「吉越興業」にしたほうが、「吉本興業」なみに儲かるかもしれないぞ、などと言われましたが、万一そんなに忙しくなったらリタイアした意味がありません。

私には「仕事をやめたらやりたいこと」が山ほどあったからです。

ゴルフもしたい、すでにリタイアした友人たちとゆっくりしゃべりたい、夫婦で年の半分はフランスで過ごしたい、頼まれた講演会もたまには引き受けよう、自分のペースで後輩たちの参考になるような本も書きたい。そうそう、あれも食べたいこれも食べたい、いや食べてばかりいるとマズイからジムにも通おう！　読もうと思って買うだけ買って積んである本を読み始めよう。読んだことがない作家のものもいいな。あ、そうだ。海外ドラマも見ていないものが大量にあるぞ、いや、自分のことばっかりじゃなくて少しは人様の役に立つようなこともしないと……。

一瞬で3年くらいの予定がもう埋まってしまったような気分になりました。

多くの人は、定年後の人生を「余生」と呼んだりします。「余りものの人生」？　「余計な人生」？　そんな言い方をしてはいけません。私はリタイア後の人生を「本生」と呼んでいます。「ホンナマ」と読んでくださいね。余った人生ではなく、本当の人生。だから「本生」と呼びたいのです。ビールみたいで美味しそうでしょう？

これまでろくに休みもとらず、長期休暇もまったくとれずに働いてきた人だからこそ、これから「本生」を味わうべきです。

いよいよエンドレスの長期休暇がとれるのです。「何をしたらいいのか」すぐにわからなければ、ゆっくり探す時間があるのですからそれも大いなる楽しみのうちではありませんか。そう、昼寝でもしながらゆっくり考えればよいのですから

定年になったら現役時代のスーツは捨ててしまおう

定年というのは、コミュニケーションの相手、コミュニケーションの形態が大きく変わるきっかけになります。

日本人の、特に男性のビジネスマンにとってそれは「激変」と言ってもいいかもしれません。

最近こそすべての世代で、会社同士のものも含め「年賀状」のやりとりは減ってきていますが、それでも定年を迎えると、それまでは毎年２００～３００枚も届いていた年賀状が数十枚に減り寂しい気持ちになったという話はよく聞きます。

結局、これまでの年賀状は自宅に届けられたものであっても、「会社の名前と肩書」の

送られてきたものにすぎなかったのか、ということを実感せずにはいられないでしょう。

メールアドレスなどなかった頃であれば、退職することによってほとんどの人間関係が失われてしまうことも少なくなかったはずです。

これまで、生活のほぼすべてだった会社というコミュニティが失われた時、肩書も、所属先も、飲みにいく相手も、ゴルフの相手もいなくなってしまう。さらに、新しい友だちや知り合いを作ろうにも、どこへ行けばいいのやら、何を始めればいいのやら、ということにもなりかねない。これは残念ながら今も同じです。

だいぶ前のことですが、たまたま訪れたデパートの階段の踊り場に、背広を着た高齢の方が何人も座って新聞を読んでいる光景を目にしたことがあります。買い物につきあってデパートまでやってきたものの、奥さんの後をついて歩くのもめんどうになってしまったのでしょうか。あるいは家族との、特に奥さんとの関係にも微妙なものがあって、ひとりで家を出てきたものの、行き先があるわけではなく、なんとなくデパートの踊り場にやってきたのでしょうか。

その人の背広は、おそらく現役の頃会社に着ていったものでしょう。私はそれをとても寂しく感じました。せっかくリタイアしたのなら、どうせなら仕事では着られなかったようなカジュアルで明るい色のものを着ればいいのに。奥さんといっしょにショッピングも楽しめばいいのに、と思いました。彼らは背広を脱ぐことにさえもためらいがあったのかもしれません。自分のアイデンティティが失われてしまうように感じていたのかもしれない。一生懸命働いて、やっと、自由に楽しめる時間を手にしたのに、少しも楽しそうには見えない彼らの姿がとても切なく感じられました。

仕事は人生の目的なんかじゃない

そういう私自身だって、もしかしたら同じようにくたびれた背広でそこに座っていたかもしれません。たまたま留学先で出会った女性がフランス人で、彼女と学生結婚することになり、その後外資系の会社に長く勤めたことが私の「価値観」にも大きな影響を与えたのだと思います。フランス人の妻は深夜まで残業して、休日出勤までして働く日本人男性の「生き方」をまったく理解できず、結婚生活の初めの数年間は「なぜ帰ってこないの？　なぜ夕食をいっしょに食べないの？　なぜ1年にたった2週間の休暇がとれないの？」「仕事があるんだからしかたないじゃないか！」といった話でずいぶんケンカもしました。結局はそういった方向に少しずつ矯正されながら、そのなかで私はだんだんに理解するようになったのです。自分の仕事は「人生の目的ではない」ということを。もちろん向き合っている仕事には全力で取り組むけれど、しょせん仕事というのは「定年」で終了するのですから、そんなものを「生きる目的」にしてはいけない、ということに気づいた。私のアイデンティティは仕事でも会社でもなく、自分自身の人生を家族や友人たちと楽しんで生きることにあるはずだ、と。

会社人生よりも、いまや定年後の人生のほうが長い可能性が高いのです。定年後も人生は続きます。いや、むしろ本当の人生が始まるのです。

だからこそ、どんなに忙しくてもできる限り自分の人生のために、家族との時間をとろうと思いました。そのために、仕事の効率を上げる方法を考えて提案し続けました。残業ゼロを徹底させ、即断即決の短時間早朝会議を行い、課長職以上は強制的に毎年2週間の休暇をとらせ、すべての仕事に「デッドライン」を設けてダラダラやることを廃し、書類の整理も徹底的に効率化した。これらは生産性を上げて会社の業績を上げることにつながりましたが、最大の目的は仕事に人生の大切な時間を占拠させないためでした。私自身にとって、そして全社員にとってです。

そして手にした時間で、私はできる限り家族とともに過ごし、いっしょにあちこちに出かけ、そこで多くの人とも出会いました。仕事とはまったく関係のない知り合いも増えた。そうしていくうちに、私は自然に「定年」を心から楽しみにするようになったのです。これまで早朝会議などのさまざまな工夫で仕事にとられる時間を必死で短縮してようやく手にした時間、それが無制限にあるのですから、「退職したらあれもやりたい、これもやりたい」状態になったというわけです。

妻と出会っていなかったら、私も会社漬け、仕事まみれの人生を送り、70歳を超えた今でもあっちの会長、こっちの顧問を兼業して何枚も名刺を持って、密かに自慢していたのかもしれません。

月給が減っても夫婦の時間を30分増やすだけで幸福感は増す

だからこそ定年を前にした人は、お金の心配よりも、まずは家族との時間を少しずつでも増やしていってほしいと思います。

社会学者の山口一男さんが面白い調査を行っています。それは「夫の月収が10万円減った場合、結婚の満足度の低下は何によって解消できるか」というものです。結果はちょっとびっくりするようなものでした。10万円収入が減ったことによる「不満」は、平日の夫婦の会話が１日平均16分増えることによって解消できる、というものです（経済産業研究所「夫婦関係満足度とワーク・ライフ・バランス」より）。

たった16分の会話、つまり、30分早く家に帰ってくるだけで収入が10万円減っても夫婦の不満は解消できるというのです。これは言い換えれば、収入が同じでも会話を16分増やしただけで10万円月収がアップしたのと同じくらいに満足度はアップするということ。

定年後、あるいは、再雇用後に収入が減ることを不安に思う人はたくさんいますが、夫婦の会話をどんどん増やせば、ただそれだけでも家の中は今よりもずっと明るく楽しくなるということです。

コミュニケーションというのは、まずもっとも身近な家族が基本です。子どもたちが独立したあとは、まず夫婦のコミュニケーションこそが大切なのは言うまでもありません。日本人の夫婦は海外に比べると、その会話の少なさたるや圧倒的で、ある雑誌の調査によると日本人夫婦の40％は、1日の会話時間が30分以下！　別の調査を見ると50カ国のランキングでほぼ最下位です。家族で食卓を囲む頻度も、フランスは「ほぼ毎日」が約5割ですが日本は2割以下。

日本の男性はすぐ「忙しい」「夫婦は以心伝心」と言って逃げますが、もう定年後に「忙しい」の逃げ場はありません。以心伝心なんて言っても「言わなきゃわかりません！」と奥さんに反撃されるのは目に見えています。

まだ仕事をしている方は、まず毎日30分早く帰って、家で奥さんといっしょにゆっくり食事をしながら話をしてほしいと思います。

それだけで、たぶん月収15～20万円アップぶんの「夫婦の満足感」は得られるはずですよ。

幸せを増やすための「道具」を見直してみよう

そろそろデジタルっぽい話に戻りましょう。

スマホやらパソコンやらと言ったところで、むろんそれらはしょせん「道具」です。けれどもごく身近にあるそれらの道具をちょっと取り入れてみることは、自分の生活を少しずつ変えるきっかけになります。激変する可能性も大きい。

先ほどから書いてきたとおり、定年後を幸福に過ごすための最大のポイントは、コミュニケーションです。家族、地域、友人など、さまざまなコミュニティで、さまざまなつながりを持って生きていくことです。

会社とのつながりがなくなった時、それらの人とスムーズに連絡をとろうとするならメールのやりとりは、もはや必須と言い切っていいと思います。

強いポリシーがあって「絶対にケータイは持たない！　絶対にメールなんかやらん

ぞ！」という人は、もちろんそれでけっこうです。本人がそれでじゅうぶんに満足して、幸福な人生を送っているなら、よけいなことはしなくていい。直接会ってのコミュニケーションと手紙があればそれでいい、むしろそれが自分には一番楽しいのだ、という人にとって、ITもデジタルツールもまったく必要ありません。もしかしたら、そんな道具に頼らず幸せに生きられれば、それが人間本来の生き方としては正当なのかもしれません。

けれど「俺はメールなんか使わない」と言いつつ、実は「使えないから使わないんだよ！（ホントは使ってみたいけどめんどくさそうだし）」ということならば、ぜひ使うべきです。使ってみてから「やっぱりいらないな」と感じれば、やめることはいつでもできる。

皆さんの世代であれば、会社のメールぐらいは使ったことがあるはずです。「もっぱら読むだけだった」とか、返信は「了解です、くらいだった」という人であっても、それがだいたいどんなものなのか、ぐらいはわかっているはず。

「仕事をやめたのだからもうメールなど使う必要はない」というのは、大きな間違いです。

できれば仕事でもメールなんか使いたくなかったのでしょうね。メールを使いこなせればもっと仕事は楽になったでしょうし、残業も休日出勤も減って、仕事の業績だって上がったかもしれないのに、「苦手」な意識を捨てきれず、「もっとうまく使えるはずだ」という研究心も時間も持てなかったのだと思います。若い部下に「ちょっと教えてくれないか」と言えなかったのでしょう。プライドが邪魔したのか、あるいは「またですか」と言わんばかりの目に耐えられなかったのでしょうか。だったらなぜ自分で本くらい買って勉強しなかったの、と言いたくもなりますが、おそらく「どうせもうじき定年だし、メールなんか使わなくてすむ」ぐらいに思って、「逃げ切り」を図ったに違いありません。

現在60歳以上の男性は、メールやスマホなどに対してアレルギーのような苦手意識を強く持っている人が多いようです。若い人たちに聞いてみると50代でも、すでにそういう意識の人は多いそうです。特に若い頃からコピーやファックスの送信は後輩や女性社員に頼むものだと思っていた世代の男性は、社内的な立場が高くなるほどさらに「人まかせ」が多くなっていた可能性が高い。

社内にメールやＥｘｃｅｌが導入されるようになると、ますますその傾向が強くなり、メールの設定はもちろん、長い文章の入力は人まかせ、Ｅｘｃｅｌの資料もプリントアウトしてもらったものを見てハンコを押すだけ、になりがちです。

業務用に特化された経理ソフトや発注受注などの管理ソフトだけはなんとか使えるけれど、自宅のパソコンとなると10年前に買うだけ買ったものの、まったく使っていないという話もよく聞きます。

これまでは家でパソコンが使えなくても困ることはなかったと思いますが、定年後、家にいる時間が増えた時、あるいは新しい世界の楽しみを広げたい、という時に、それではもったいないと思います。

会社のアドレスから送られる「定年ご挨拶」は最悪

時おりこんなメールが届きます。

「このたび長年勤めた〇〇社を退職いたしました。在職中はひとかたならずお世話になり……」云々と書いてある。

「そうか、彼も定年か。そのうちメールでも出してみよう」と思ってふと見ると、アドレスはいまだ彼が長年勤めた会社のもの。メールアドレスというのは、よく見てみると、末尾に「〇〇〇〇.co.jp」などと書いてありますが。〇〇〇〇のところがだいたい社名。.co.jpというのは「日本の会社」を示します。それを見れば、「会社のメールなんだな」ということがわかります。

会社のメールアドレスは、一般的には退職すると使えなくなります。退職した翌日から、ということはないと思いますが、じきに削除されてしまう。外資系のトリンプでは即日削除されていました。

とはいえメールの末尾を見ても、新しい個人のプライベートのメールアドレスは書かれていません。

もしかしたら、いずれあらためて「退職のご挨拶」といったものを葉書などで送ろうと思っているのかもしれないけれど、そういう葉書にメールアドレスが書かれていることは意外に少ないものです。書いてあっても、プリントされたメールアドレスの小さな文字を見ながら、新しいメールアドレスを入力するのは実にめんどくさい。

結局、退職を機に連絡がとりにくくなり、どんどん疎遠になってしまう人は少なくありません。同級生でさえ、わかっているのは会社のメールだけという場合はほんとに残念な気持ちになります。電話や手紙で連絡がとれないことはないけれど、せいぜい「元気？　そのうち飲みましょう」くらいのことで、自宅やケータイに電話するのはしょっちゅう連絡を取り合っている人ではないとやはり遠慮してしまいます。葉書を出すのもやっぱり少しおっくうです。私が筆まめではないせいもありますが、だいたい皆さん似たようなものではないでしょうか。

だからこそ、定年退職の挨拶メールを送ってくれる時に、せめて新しいメールアドレスは教えてほしいものです。

定年1年前にはGメールのアカウントをとりなさい

私だったら、「定年のご挨拶」の段階に入る少なくとも1年くらい前から、個人的なやりとりを明確に分けて、個人的なものは今後も使える個人のアドレスから送信します。そうやって、個人的なお付き合いのある方のメールドレスを自分の連絡先にためていけば、会社のメールアドレスが使えなくなってからも、別に問題は起きません。少なくとも、退職したら直後に新しいメールアドレスから「メールアドレスが変わりました」というメールを送ってほしいと思います。

なんでそんなことを長々と書いているのかというと、この段階でさっぱり連絡がとれなくなってしまう人がとても多いからなのです。

もちろんこれまでの仕事相手全員に、新しいメールアドレスを知らせなくてはいけない、ということはありません。「退職したら二度と連絡なんかとりたくない！」という人だっているかもしれないし、社内全員、取引先すべてに知らせる必要はないでしょう。

しかし、親しくしていた人や、今後連絡をとりあいたいと思う人、事務的なことも含めて先方から連絡をもらう可能性がある人には、新しいメールアドレスを退職の挨拶以前に、少なくとも挨拶と同時に伝えるべきです。

たとえば、退職しても週に何日かは関連会社に出社する、といった場合であっても、個人のアドレスはいっしょに伝えたほうがいいと思います。会社に行かないとメールを見ないのではろくに連絡がとれないのですから。一定の年齢になってリタイアが近いのならそうしたほうがいい。「定年といっても隠居するわけではなく、まだ通う会社があるんだ！」というのは、まったく悪いことではありませんが、リタイアすることや、仕事が今までよりヒマになったことに、なんとはなしに引け目を感じているようにも思えます。

一度作れば、ほぼ一生無料で使えるすぐれもの

個人用のメールアドレスを取得するのは実に簡単です。無料のメールサービスは複数

ありますが、私は一択でGメールをおすすめします。

Gメールが便利だと私が考える理由はいくつもありますが、たとえば無料の保存容量が15GB[illegible]こと。普通のメールのやりとりで写真を添付するくらいならば、送信・[illegible]ールを消さないまま、全部保存しておいたとしても毎日10通や20通使っても10年や20年は無料のまま使えます。また、かなり重い写真データであってもメールに添付して送ることができます。Gメール同士の場合は最大で25ＭＢ。デジカメで撮ったかなり大きい写真でもまったく問題なし。私が個人で使っているGメールからは大きなファイルが送れるのに、相手の会社のメールでは受け取れないということがよくあります。会社で使っているメールサーバの容量が小さすぎるのでしょう。また同じように、Gメールは暗号化されて相手に送られますが、相手の会社メールサーバが暗号化されていないので、警告が出ることも。それだけGメールが先に進んでいるということです。

もうひとつ、Gメールのメリットとして迷惑メールのフィルタが非常に強力だということです。他のプロバイダや、携帯のキャリアメールなどと比較すると、迷惑メールの量は激減します。また添付ファイルにウィルスが含まれていないかどうかも自動的にチエックしてくれます。

もちろんスマホやタブレットからでも自宅のパソコンでも、ネットカフェなどのパソコンでも、いつでも同じようにメールの送受信ができます。

会社のメールアドレスというのは、「会社に行かないと読めない」ことが多いのですが、Gメールならばどこからでも送受信が可能で、外出先のネットカフェやホテルなどに備えられたパソコンからでも、すぐ使えます。もちろん過去の送信・受信メールも全部見られる。

これは、過去の送受信メールを「自分のパソコン内」に保存しておくのではなく、Gメールのクラウドサーバに保存する、という仕組みになっているからです。

つまりパソコンを新しく変えても、スマホの機種変更をしても、過去のメールはそのまま見られるというわけ。Gメールを持っていると、ケータイのキャリアメール（au.one.jpなどが末尾につくもの）は必要なくなります。Gメールのアドレスさえひとつ持っていれば、スマホでもパソコンでもOKです。Gメールのアドレスは、ほかのフリーメールと同様、無料で複数作ることもできます。

会社に行かないと読めないメールに意味はない

私は10年近く前から、会社のメールを自宅や外出先から直接読めない環境にあるのなら、仕事にもGメールを使うべきだ、と強くすすめてきました。会社の規定によると思いますが、会社のメールを自分のGメールに転送できる設定にしておけば、スマホだろうが自宅だろうが、会社宛のメールを読むこともできるし必要なら即座に返信することもできます。会社のシステム、業務内容や職種にもよりますが、可能なら絶対に設定しておくべきです。会社のサーバ管理をしている人に相談すれば、すぐにそれができるか、できないかは教えてくれますし、可能な場合は個人のGメール宛への転送設定をしてくれます。

社外にいる時までいちいち仕事のメールを見るのはまっぴらだ、または必要がないという人もいるでしょうが、そのほうが便利になるという場合は、さっさとGメールへの転送設定をすべきです。

Gメールへの転送はセキュリティが心配だとか、業務のメールとプライベートのメールを混在させるのはいかんとか、あれこれ言う人は昔も今もまだたくさんいますが、セキュリティのことなんか知らない人ほどそういうことを言います。心配ならばちゃんと調べて対策を施し、使い方を限定的にするとか、いろんな方法はあるのに、そういうことは誰もやらない。解決案を示さずに「危ない」「時期尚早」とか言う人ばっかり。だから日本の会社はダメなんだ！　とここでまたビジネス書に書いてあるようなことを言いたくなります。

会社のメールをGメールに転送できるできないは別にしても、在職中からプライベートのメールアドレスは持っていたほうがいいと思います。プライベートのアドレスとしてぜひすすめたい、というか、もはや必須だと思うのがGメールなのです。

個人アドレスとしてso-netやniftyなどのプロバイダメールを持っている場合でもすべてGメールに転送してしまうこともできます。プロバイダのアドレスを使ってさまざまなサービスに登録している、このアドレスしか知らない人がいる、というような場合に、いきなり「メールアドレスの変更」を全部行うのはめんどうですが、ほとんどすべてのプロバイダで「転送設定」は可能です。自動的にGメールに転送するようにしておけば、すべてのメールがあなたのGメール宛に届く。しかも、転送時にGメールの迷惑メールフィルタが介されるので、プロバイダメールで排除しきれなかった迷惑メールも「濾して」あなたに届けてくれます。ぜひ参考にしてください。

ケータイアドレスだけでは同窓会の連絡がとりにくい！

家族や親族との連絡はもちろんですが、たとえば同級生とのやりとりなどは、「会社に行かないとメールが読めない」では話になりません。ケータイメールでもいいじゃないか、と思うかもしれませんが、実はｄｏｃｏｍｏやａｕなどケータイのキャリアメールというのは、設定によってはパソコンからのメール受信ができなかったり、添付ファイルが開けなかったり、ＰＣのメールソフトから送られたものが受信できないことがあったり、とかなり不便な面が多いようです。

リタイアしてから特に多くなったのが、同級生同士とのやりとりです。ヒマになった者同士、しかも仕事のしがらみのない同級生たちとの交流は定年後の大きな楽しみのひとつでしょう。

まだ現役で仕事をしている人でも60歳前後になると、これまでは時間がとれずに参加してこなかった同窓会や、同じサークルだった学生時代の友人たちと集まる機会がどんどん増えると言います。

もちろん私の同級生はみな70歳を超えています。彼らとの連絡は主にメーリングリストによるものです。これは、ひとつのメールアドレスに配信すれば、それでグループのメンバー全員に送られるというもので、社内の連絡などでもよく使われているはずです。社員全員に同じメールを送る場合や、同じ部のメンバーだけに送る、ということも簡単。イメージとしては、ひとつのアドレスで全員に届く社内メールのようなものです。

もちろん個人のアドレスでも似たようなことはできます。相手が数人ならば、CC欄複数のメールアドレスを入れたり、自分のメールソフトと住所録の設定で手軽に「グループ全員に送信する」ということはできますが、これまたちょっとめんどう。ひとつのアドレスで全員とやりとりできるほうが、定期的な連絡などには便利です。

メーリングリストの作り方はいろいろありますが、Ｇメールの「グループメール」というのを利用すると簡単。自分でグループを立ち上げる方法はよくわからない、という人でも、受信や返信は普通のメールと変わりませんからすぐ利用できます。

私はいつの間にか同級生の幹事のような立場に立たされてしまったので、同級生への連絡は、私が作ったメーリングリストを利用しています。たとえば、外国に住んでいる同級生が多いので来日時に合わせたクラス会のお知らせ、いっしょにヨーロッパ旅行に出かけたあとは報告コメント付きの写真集、次回の旅行へのお誘い、アフリカのキリマンジャロ登頂報告（！）など、ともかくとても便利なものです。

メーリングリストは「忘年会〇〇日にやりますよ」というお知らせを受け取って、そのままこのメールに「出席します」と返信すると、これもメンバー全員に届きます。

ただ、幹事さんだけに返信したつもりでも、全員に届いてしまうので、ちょっと注意が必要なところですが……。ある友人は、同級生のメーリングリストの差出人が親しい人だったため、うっかりそのまま「実は今ちょっと身体を壊して入院していますが、じきに退院できそうです。ほかの人には伝えないでくださいね」と返信してしまい、全員からお見舞いメールや、病院はどこだという問い合わせが来てしまって、大後悔したことがあるそうです。

本来ならＦａｃｅｂｏｏｋ内にグループを作り、そこでやりとりをしたほうが簡単にも思えますが、同級生の中にはＦａｃｅｂｏｏｋを使っていない人もいるので、このグループメールを使っています。もっとも「メールは使わないので、電話かファックスでお願い」という人がいないのだけは助かっていますが。

特定のグループ内での連絡というと、「ＬＩＮＥ」というものが実はものすごく便利です。若い世代はもうほとんどがこのアプリを使った「グループトーク」という機能を利用しているはずです。最近だと、学生同士の連絡はもちろん、学校の部内連絡、ＰＴ

Aの連絡、社内でも同じ部内ではグループトークを使う人が圧倒的のようですね。

ただ、LINEというサービスはスマホ、タブレットなら問題ないのですが（PCも可）、ガラケーだと非常に使いづらいのです。「使えないことはない」のですが、ものすごく使いにくいらしい。

スマホ普及率の伸びは急激で、2017年の調査では、20代で90％、60代でも55％になったそうです。とはいうものの、グループ内に少数でもガラケーを使っている人がいると、LINEの利用はためらわれるでしょう。特に60代以上のしかも男性が多く含まれているグループとなると「え、LINE？」と首をかしげる人も出てきてしまう。男性はこの手のモノになぜかやたらに保守的なのです。

ケータイのキャリアメールではできないこと

そこでメーリングリストが登場するわけです。これは、幹事さんにあたる人が、全員のメールアドレスさえ知っていれば作ることができます。メーリングリスト用のアドレスを作って、そこに送信すれば全員に届くという仕組みですから、スマホだろうがパソコンだろうが、ガラケーだろうが基本的には「ほぼ」問題がありません。ほぼ、と書いたのはやっぱり「ガラケー問題」で、ガラケーだと設定によっては、メーリングリストからのメールを受け取れないことがあるのです。パソコンからのメール受信をブロックする設定になっている場合もあるようです。これは「迷惑メール対策」としての機能なのですが、ガラケーは買った段階でこうした設定になっていることもあるそうです。もちろん解除することはできるのですが（一般的にはメーリングリストのアドレスを、住所録に登録するだけでよい）、それを特に離れた場所に住んでいる、しかもあまりこの手の操作に慣れていない人に幹事さんがいちいち教えてあげるというのは至難の技です。

またガラケーのアドレス宛にファイルサイズの大きな写真を添付するとエラーになってしまうこともあります。

当面はキャリアメールとの併用でもいいので、プライベートではGメールのアカウントを取得しておいて損はありません。

そして普段から普通に使いこなせるようにしておき、定年が近くなってきたら、親し

Gmail（ジーメール）

Google, Inc.

定年後ライフに必ず作っておくべきメールアドレス

パソコンにせよスマホ、タブレットにせよメールが使える環境があるなら、とりあえず作っておいたほうがいいのがメールのアカウント。アカウントというとわかりにくいですが、ここではメールアドレスとパスワード、ということです。パソコンまたはスマホ、タブレットから簡単に登録可能（画面はパソコンからの登録画面）。ケータイのキャリアメール、プロバイダメールに届くメールもまとめて読みたい、という場合は、すべてのメールをメールに転送する設定をすればよい。なおGmailは専用アプリを使わなくても、パソコン、スマホの他のソフト・アプリでも受信できる（Windows Mail、Apple Mailなど）。

い人とのやりとりは、Gメールで行うようにしておくといいと思います。

Gメールの登録はごく簡単です。パソコンかスマホの検索画面で「Gメール」と入れて検索すれば一番上に出てきますから、そのページから「アカウントを作成」してください。必要なのは、名字と名前（ローマ字でもOK）、希望するユーザー名（○○○○@gmail.comの○○○○の部分）と、パスワードだけ。ただしすでに世界中の誰かが使っているものと同じアドレスは使えません。使えない場合はすぐに画面で教えてくれます。パスワードは半角の英字、数字、記号を混在させて8文字以上にすることが必要です。いくら覚えやすいからといって、電話番号や自分の誕生日などにするのはもってのほか、ということは、さすがにもうご存知ですよね。パスワードはちゃんとメモしておくこと！　ただそのメモをパソコンの前に貼り付けておくというのはやめておいてくださいね。パスワードの意味がありません。

第2章　ガラケーは捨てなくてもいい

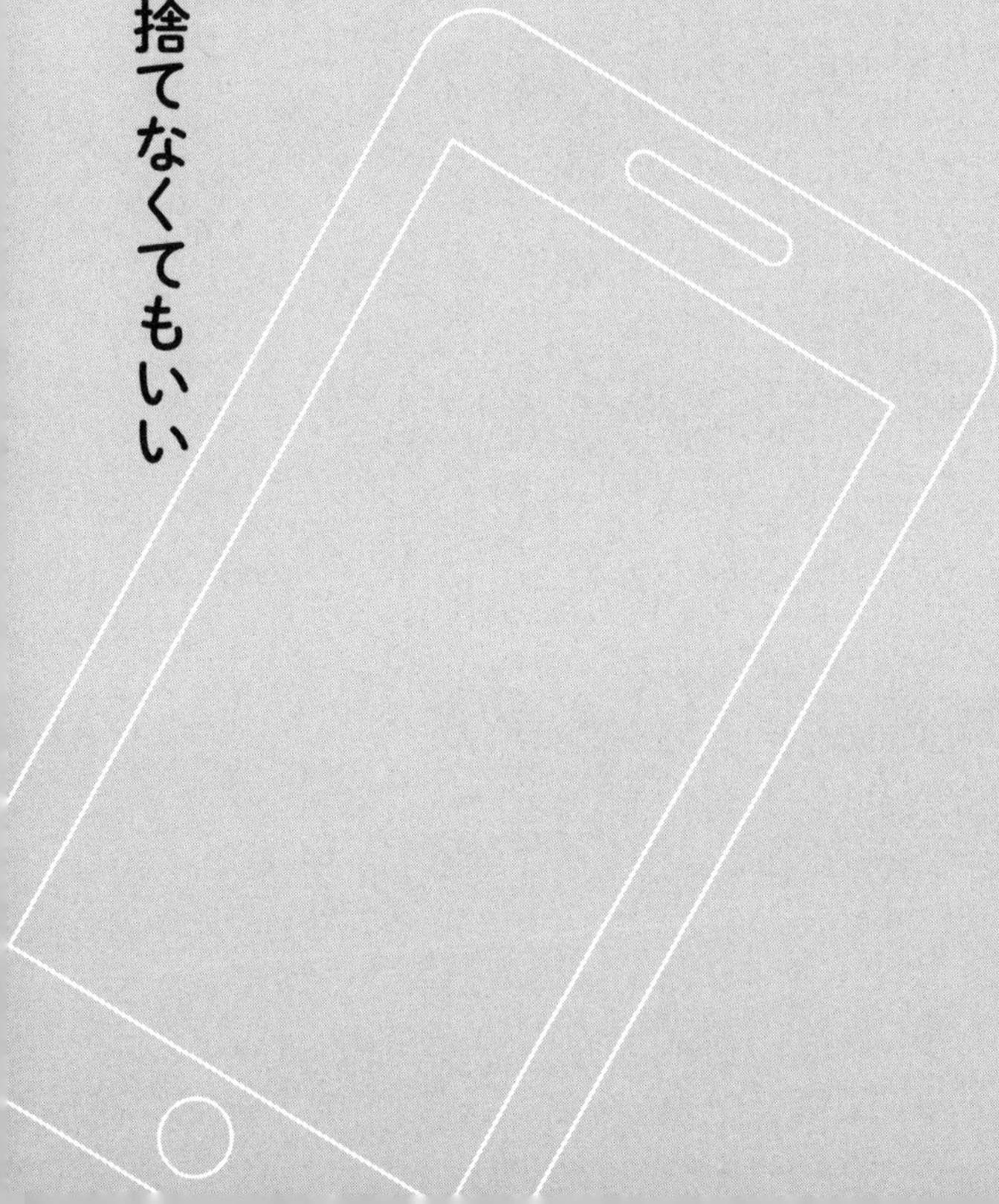

「まだガラケーなの？」のプレッシャー

さてガラケー問題です。

「はじめに」でもちょっと書きましたが「ガラケー」という呼び名は、時代遅れの代名詞のような使われ方をするようになってしまいました。「えええ？　まだガラケーなの」「お父さん、いいかげんにスマホにしたら？」「おや、まだガラケーですかあ」とかなんとか、失礼な「若いもん」たちが周囲にはぞろぞろいると思います。

また「スマホにはしてみたけれど使い方がよくわからない」「使いにくい」「結局またガラケーに戻した」という人もいます。

結論から言うと、若いもんにすすめられたからといって、ムリしてガラケーを捨て、スマホにすることなんかありません！

ガラケーにはガラケーのいいところがあるからです。なんか、これまでの話と違うんじゃないの？　と思うかもしれませんが、最後まで聞いてください。

実は、私が中高年のガラケー利用者におすすめだと思うのは「まずはガラケーとスマホ（またはタブレット）の2台持ち」なのです。

お金のムダと思うかもしれないけれど、朝から晩まで通話しっぱなし、動画を見っぱなし、というような使い方をしなければ、両方使ったところで、それほど恐ろしい金額になるわけではありません。

一例ですが、ガラケーは通話専用、スマホはメールのほかネット専用という形で利用すると、2台持っていても料金は月額2000円くらいから利用は可能です。（ガラケーがdocomoのFOMA契約+スマホは楽天モバイルデータSIMの組み合わせなど。ガラケーとスマホ本体代金は含みません）

デバイスを2台も持ってどうやって使うのかといえば、話は簡単。通話はすべてガラケーにする、ということだけです。メールはスマホ、あるいはもっと画面が大きなタブレットでもかまいません。タブレットは通常通話機能はついていませんが、ガラケーを持っているなら問題なし。

日常的にケータイでの通話が多い人にとって、また定年後も通話をたくさんしたいと思っている人にとって、使い慣れたケータイは捨てがたいものだと思います。電話帳は全部入っているし、何より小型で持ち慣れているのだから当然です。その人にとって一番大事なコミュニケーションツールを「不便になるかもしれない」という心配をしながら、いきなり捨ててしまう必要などありません。

だからこそ、ガラケーはそのままにして、スマホかタブレットを「追加」すればいい。これについては後でさらにくわしく書きます。

知らないことを人に聞くことをためらわない

2台持ちなんてムダですか？　しかし定年後そんなムダなことにお金をかけるのはいやだ、という人ほど、現在の通話料も知らなかったりするものです。お金のことが心配ならば、まず現在の料金を調べて、もしスマホに変更したり、タブレットやスマホを「追加」するといくらになるのかを調べてみてはどうでしょう。

実は、こういうことからも「世界」というのは広がるものだと思っています。少しでも興味を持ったら調べてみる、調べ方がわからなければ店頭で聞いてみる、「何がわからないのかよくわからない」などとためらわずに、一歩踏み出してみたらどうでしょう。

定年前後の世代の人たちは、「わからないこと」を人に聞くのがどうも苦手なようです。新しいものを使う時、使い方がわからないのは当たり前で「悪い」ことでも「劣って」いるということでもありません。スマホのことがわからないのは、たまたまこれまで使う機会がなかっただけのことで、そもそも「わかりにくい」のは周知の事実、若い人だって実はあれこれ苦労しているのです。

孫より若い年齢の店員さんに、ケータイやスマホのことなどを、ほぼゼロから質問するのはなんだか恥ずかしい気がするのは、わからないでもないけれど、それを「楽しみ」と思うほうが、ずっと得です。最近の若い人たちは、ほんとにオジサンたちに親切です！　もっと若い世代の知り合い、友人を増やすべきです。

私はパソコンが不調になったり、わからないことがあると、アップルによく質問をします。質問の方法はいろいろあって、「店頭にいきなり行く」「予約してから店頭に行く」「電話をかけて質問する」「チャットで相談する」などいろいろあります。私はパソコンはMac、スマホはiPhoneなので、どちらもアップル社の窓口を利用するのですが「予約して店頭に行く」が便利です。あらかじめネットで日時を予約し、アップルストア内の「ジーニアスバー」というところに行ってみると、これがなかなかオシャレ！　もちろん待ち時間はないし、スタッフは親切だし、ついでに新製品などもあれこれ見物できます。まだ店舗が少ないのが残念ですが、近所にあるなら、ちょっと行ってみるだけでも、ショールームとして楽しいものです。

別にアップルに限ったことではありません。たとえばdocomoのガラケーを使っている人ならば、近所のdocomoショップに相談に行ってみればいいと思います。「ガラケーをこのまま使うか、スマホにしようか、2台持ちにしようか迷っている」「その場合は料金はどんなふうになるのか教えてほしい」「iPhoneとAndroidはどう違うのかわからない」といったことを、率直に聞いてみるといいと思います。最近の携帯ショップや量販店などの店員さんは、実に親切ですよ。特に定年前後の「スマホ」で迷っている人は「すごくいいお客様」なのですから、親切にするのが当たり前！もちろんその場で購入したりする必要はありません。そこは気持ちをしっかり持ちましょう！　一度聞いてもさっぱりわからないなら二度でも三度でも聞けばいい。

ショップに行く前に、若い友人に頼んで、相談に乗ってもらってもいいでしょう。でも、この手の話はできれば肉親ではなくて「他人」のほうがいいのではないかと思います。もちろん息子や娘でもいいのですが、身内というのは意外と親にこういうことを教えるのを「めんどうくさがる」傾向があります。「さっさとスマホにすればいいのに」とさんざん言いながら、導入時のコストや、安くする方法などはさっぱりわかっていないことも少なくありません。「普段スマホを使っている」だけでは、なかなか適切なアドバイスというのはできないものなのです。

むしろ、こうしたことにくわしい「他人」に聞いたほうがずっといい。親子だと「何度言ったらわかるんだよ」「説明の仕方が悪いんだ！」「オヤジの頭が硬すぎるんだ！」「もういいっ！」などと、ムダなケンカに発展しかねません。

だからこそ、若い後輩たちと毎日会える現役のうちに、情報を仕入れておいたほうがいいのです。うまくいけば、退職後もアドバイスしてもらえると思いますよ。少なくとも「こういうことはどこで相談すればいいのだろう」という疑問には答えてくれると思います。

プライベートも仕事も、即断即決で

こういうことをどうしても「楽しみのうち」と思うことができないのなら、とりあえず「仕事だ」と思ってしまえばいい。新しいプロジェクトをひとりで立ち上げるつもりで、予定を立て、アドバイザーを決め、目的を定め、それまでにやっておくべきことをリストアップし、片っ端から片付けていく、ということをすればいい。もちろん、途中で壁にぶつかったら、別の方法を見つけてすぐ実行！　要するに「ひとりPDCAサイクル」を回せばいいのです。

実は、仕事もプライベートも、根本的な部分に変わりはありません。仕事ができる人はよく遊ぶ、遊びの達人は仕事もできる。これは古今東西の真実です。

長年仕事をがんばってきた人なら、こんなことくらい「仕事」と思って始めてみればなんということはありません。できないワケがない。

少しずつ新しいことがわかってくる、というのはうれしいものです。少しわかり始めると「わからない点」がわかってきて「知りたいこと」がはっきりしてきます。こうなればしめたものです。

自分のガラケーをスマホにするのか、タブレットを買うのか、といったレベルの日常的なちょっとした「迷い」が出てきた時は、「仕事」と同じように考えれば簡単です。論理的に考えて、パッと決める、すぐ動く、違ったと思ったらすぐ修正する。こういうことは、仕事も遊びもまったく同じです。日本人は仕事にまで「好き」とか「嫌い」とかの感覚的なものや、いわゆる「忖度」を持ち込みます。そのおかげでいつまでたっても結論が出ず、さらに責任をできるだけ分散させようとする（要するに誰も責任をとりたくない）ので結論が出ず、会議がどんどん長くなる。「日本人は会議の開始時間は守るが、終わる時間は守らない」と外国の方に言われますが、そのとおりです。結論が出ないので会議の数がさらに増える。ダメな会社に会議が多いのは今も昔も同じです。

定年は「独立」だ！

定年、リタイアというのは「仕事がなくなったこと」ではなく、「独立」です。

もうムダな忖度も気配りもいらない。しかも「自分の使うもの、使い方」は、自分で自由に決められるのです。

それなのに、苦手意識があるものになると「まあいいや」とか「それほど重要ではない」「急がないし」と、どんどん後回しにして、そのままの場所に留まるのはバカバカしいと思いませんか。

それでは「会議が多い」「決まらない」という会社にいるのと変わりません。私がかつて会議で大事にしていたのはすべての事項に優先順位と締切を設けることでした。

優先順位とは

①重要度が高くて緊急度が高いこと
②重要度は低いが緊急度が高いこと
③緊急度は低いが重要なこと
④緊急度も重要度も低いこと

の順です。①からすぐに対策を決めてすぐに実行し、ダメなら別の方法で試す。それだけのことです。必ず「誰がいつまでにやる」という締切も必ず決める。

会社でも個人の生活でも、これは実際には同じことだと思っています。「会議」を開く必要はないけれど、思考法はまったく変わらない。まず自分にとっての①〜④を決めるべきです。自分にとってのものと、家族にとってのものは違うと思いますが、これは夫婦で話し合って決めるべきです。会議というわけではないけれど、ちゃんと話さなくてはいけません。スマホにするかどうか、といったことは夫婦の「議案」にしたほうがいいかもしれません。私はリタイア後の人生にとってコミュニケーションツールを確保し、楽しむことは、重要度が高くて緊急度が高い①だと思っています。緊急度が高い理由は、時間がたつとますますめんどうになるから！

奥さんは「自分はガラケーでじゅうぶん」と言ってもあなたは「スマホを使ってみたい」というのならば「まず自分で使ってみる」でいいのではありませんか？　使ってみることにしたのなら、ちゃんと自分で、料金やふさわしい機種を調べ、ショップで聞いたり、という一歩を踏み出してください。

それこそが正しいＰＤＣＡです。日本のＰＤＣＡのＡはアクションのＡではなく「あきらめるのＡ」だと、私は言い続けてきました。

一度やってみてうまくいかなかったら、すぐに次の行動をとるのが本来の「Ａ」です。そのための「Ｃ」ということ。

ＰＤＣＡのそれぞれの間隔は短いほどいいのです。いっそ、ＰＤＣＡというより「ＣＡ」での繰り返しでいい。暇なら「Ｐ」に時間をかけてもいいけれど、それは「楽しみ」としてあれこれ調べる、ということができる「定年後」の特権。ただし、いくら定年後でも「Ｐ」だけを趣味にするのは意味がありません。

「大きな決断」より日常の「小さな判断」のほうが大事

私は最近「後出しジャンケン理論」というのを「提唱」しています。定年後のスマホと話が遠いように感じるかもしれませんが、ちょっと読んでください。

ご存知のとおり日本の大部分の会社の最大の問題とは、大小を問わず問題があるのはわかっているのに「判断せず」で放置されてしまうことです。「判断しない」でグズグズそこに留まっているより、多少間違いがあってもすぐに「判断する」ほうがずっといい。そもそも完璧な計画などないのですから、計画に時間をかけるより実行のほうに時間を使うべきなのです。実行の回数を増やすべきです。

私はあえて「決断」ではなく「判断」という言葉を使います。だって「決断」というのは、生死を決するような判断だけに使う言葉だからです。そんなこと、毎日あるわけではありません。普段、仕事上でもプライベートでも「何をするか」というのは、小さな「判断」の繰り返しにすぎません。これは社長も部長も課長も変わらず、さらに自分自身の生活に関わることでも同じです。

1回の間違いで取り返しがつかなくなるような判断というのは、経営者の立場であっても、実際にはめったにありません。日常の仕事は、毎日小さな判断をどんどん下していくことが一番重要です。その上で「昨日の小さい判断が間違いだった」というのがわかれば、翌日から違うことをすればいい。これは「小さな後出しジャンケン」のようなものです。「間違いだった」ことがわかってから、次の判断をするのですから、つぎで「負ける」ことが基本的にない。本当のジャンケンなら「相手が何を出すかわかってから出す」のはずるい、と言われますが、仕事や日常の判断で「結果がわかってから」判断するのはずるくもなんともありません。

判断する、実行する、チェックしてダメなら別の方法を実行する、を毎日重ねていけば、物事は必ず良い方向に進んでいく。これを怠ってにっちもさっちもいかなくなった時に起きてくるのが「いちかばちかの決断をせざるを得ない状況」です。そこまで追い詰められてからの判断は、本当に会社や組織、家族の「生死を分ける」ような「決断」になってしまいます。

リタイア後の独立生活でも同じではありませんか？　家を売るか、田舎に帰るか、移住するか……。「もう今すぐ決めないと家族が路頭に迷う」ところまで、判断を先延ばしにしてはいけない、ということです。

判断ができる小さなことから始めるのです。たとえばリタイア後、故郷の田舎に帰ろうかどうしようかと迷っているのなら、まずは故郷にうんと小さなところを借り、しばらくは別荘のようにして住んでみるのです。そうすれば、帰るべきかそうでないのか、結論は簡単に出せるはずです。

たかがスマホに何を大げさなことを、と思うでしょうが、「たかがスマホ」だからこそ、さっさと決めて、使うなら使う、使いたいならどうするか決める、使ってみる、ダメなら別の方法を考える、でいいではないか、ということです。

ただし定年というのは「独立」ですから、部下や後輩に「丸投げ」はできませんよ。

スマホのメリットとデメリットを整理する

「とりあえずガラケーとスマホかタブレットの2台持ち」をおすすめしたのは、それこそ「後出しジャンケン」です。スマホまたはタブレットを使えるようにしておいたほうが近い将来、多かれ少なかれ、ずっといいことはすでにわかっているのですから。スマホに変えてすぐにでも享受できる「楽しみ」としてのメリットは、メールが使いやすくなる、地図が使える、LINEやFacebook、Twitterなどのいわゆる「SNS」が使えるということ。さらに買い物にせよ、調べものにせよ、高齢になればなるほどこうしたツールは、あなた自身を、またあなたを支えてくれる家族や友人も「ラク」にしてくれます。楽しみだけではなく、体が思うように動かせなくなった時、さらに緊急時にも自分や周囲を助ける手段として必ず重要になるからです。

その上で、スマホのメリットを挙げてみます。あくまでこれは、70代の私が感じている「メリット」です。

【メリット1】デジカメを持っていなくても、非常に高画質な写真がすぐ撮れること

スマホのカメラの進化には驚くべきものがあります。距離も露出もピントもほぼ自動で、夜景も逆光も気にせず写真が撮れる。これはもう驚きです。デジタル一眼で撮影するのが趣味という人であっても、ぜひ試してほしい素晴らしい機能です。私のスマホはｉＰｈｏｎｅ Ｘという機種ですが、ホントにきれいに撮れてびっくり。ガラケーでも写真は撮れますが、スマホは何せ画面が大きいので撮りやすく見やすいのです。普通に撮っただけでもきれいなのですが、あとから明るく調節したり、最初から用意されているフィルタでモノクロセピア色にしてみたりなんてことも、ワンタッチ。散歩も旅行もさらに楽しくなります。スマホのカメラがあると、若い人がやたらに気にする「インスタ映え」の意味もよーくわかります。

【メリット2】メールの送受信がいつでもどこでもできること

ガラケーでも同じことはできるのですが、デメリットは先ほど書いたとおりです。ガラケーでは受け取れない場合もありますし、撮った写真を高画質のままパソコンのアドレス宛に送る、という場合も制限が多く不便です。

【メリット3】SNSが便利に使えること

あとで詳述しますが、LINE、Facebook、Twitter、Instagramなどの「SNS」が、どこにいても気軽に見られる、または自分で写真や文字を投稿できる、という点で、家族を含めた、さまざまな相手とのコミュニケーションの幅を大きく広げてくれます。

【メリット4】現在地がわかること

スマホにはGPSという機能がついているので、今自分が地球上のいったいどこにいるのか、ということがすぐにわかります。紙のガイドブックや地図はもちろん便利ですが、一番困るのは「現在地」がわからない時です。スマホの地図を開くと、自分のいる場所がちゃんとマークされて画面上に現れます。そのままスマホを見ながら車などで移動を続けていくと、ちゃんと自分のマークが地図の上を移動していくのがわかります。要するにスマホにカーナビと同じ機能が最初からついているというわけ。むしろ、スマホの無料地図のほうが最新情報は正確です。そのため、地図を見るだけではなく、地図上の検索ウィンドウで「近所のコンビニ」「近所のガソリンスタンド」「近所の観光名所」「近所の道の駅」などと検索すれば、すぐに結果が並び、経路もわかります。

【メリット５】音声入力が使えること

テレビＣＭでやっているのを見たことがあると思いますが、「Ｈｅｙ Ｓｉｒｉ」とか「ＯＫ ｇｏｏｇｌｅ」とか、スマホに話しかける「アレ」です。人前であんなこと恥ずかしくてできないと思うでしょうが、別に人前でやらなければよろしい。「音声入力」の技術の進歩たるやこれまた実にめざましいものです。昔のパソコン用音声入力ときたら、開発当時のものは、何度も指定された文章をマイクを通して読み上げ、自分の声をパソコンに覚えてもらう必要がありました。やっと設定が終わっても、ちょっと滑舌が悪かったり、早口だと、ちっとも認識してくれなかったものです。けれど最近のスマホに搭載されている音声入力の機能は、普通に話しかけただけで、すぐに声をかなり正確に聞き取ってくれます。直接スマホに「○○さんに電話をかけて」といった「指示」を出すこともできますし、検索サイトで「西麻布のおいしい蕎麦屋」といった調べものをする際の文字入力も音声で行うことができます。私が非常に便利に使っているのは、メールの返信やFacebookなどへのちょっとした書き込みです。短い単語のひとつふたつならば、指先で入力してもいいのですが、少し長めの文章になると、散歩を中断して打つとか、揺れる車内で打つ、というのはめんどうです。画面はやっぱり小さいし、屋外だと画面は見にくい、しかも老眼の目には文字が小さい！

ところが、音声入力を利用すると驚くほど簡単です。iPhone以外のスマホでも、各種のタブレットでもこの機能は最初からついています。

スマホの入力はガラケーのように「ボタンを押す」のではなく、「画面に触れる」で行うので、慣れるにはちょっと時間がかかります。私はかなり慣れたつもりですが、それでもやっぱりスマホで文章を書くのは、音声入力のほうがずっとラクです。若い人を見ていると、両手を使ってオソロシイ速さでスマホに文字を入力していますが、とてもあんな真似はできません！　我々の世代はもっと積極的に音声入力を活用すべきだと思います。私はベランダで景色を眺めながら立ったまま「音声入力」でメールの返事を書いたりしています。

【メリット6】思いついた時に衝動買いができること

これをメリットと思うかデメリットと思うかは人によるでしょう。けれど、旅先で「家に帰ったらすぐに届けてほしいもの」などを思いついてしまったり（たとえばミネラルウオーターとか、コーヒーの豆とか）、友人とカフェでしゃべっている時にすごく面白そうな本を教えてもらった、などという時はその場で買ってしまえば、そのほうがいい。あとでゆっくり書店にでも行って探してみよう、と思っているうちに、結局忘れてしまう、というのはよくあること。高額なものはじっくり選んで買うべきでしょうが、こうした買い物は「思いついた時」のほうがずっといいと思いますよ。これも一種の後出しじゃんけんです。

【メリット7】「使いたい機能」だけを追加も、削除もできる

スマホやタブレットは、地図などのほか、さまざまな機能を持った「アプリ」というものを好みや目的によって付け加えることができるようになっています。それによって個人の目的に沿った「自分のスマホ」になっていくのですが、今挙げたメリットの1から7は、ほぼすべてのスマホに最初から備わった機能です。「天気予報」「万歩計」「電卓」「録音機能」「照明」(懐中電灯代わり)といった機能も同様です。

アプリの追加によって、スマホはほぼ無限に「機能」を変えられます。「スマホって何ができるの」というより「これをしたいんだけど、かなえてくれるサービスやアプリはないだろうか」と考えるほうが正解です。しかも「スマホでできること」は日々、増え続けています。これはiPhoneでもAndroidでもまったく変わりません。

スマホというのは買った時点で完成している、というものではないということです。むしろ、自分に合わせて育てるような感じです。

一方で、スマホの「欠点」「デメリット」と言えるものも、挙げておきましょう。

【デメリット１】ガラケーに比べバッテリーのもちが悪い！

ガラケーのバッテリーはとにかくもちます。この本の発行元であるワニ・プラスの営業担当の方も、外出時は数年来愛用しているガラケーです。バッテリーのもちを伺ってみると「１日の通話は10数回、それぞれ長くても3分くらい」だそうで、ほかには「ショートメールに通信会社からの料金通知がくるていど。一応毎晩充電はしているものの、充電しなくてもこの使い方なら「たぶん4～5日は持つんじゃないか」とのことです。

最新型の携帯電話（ガラケー）のスペックを調べてみると、連続待受時間は６００～８００時間、連続通話も４００～６００分となっています。

これに比べると、スマホのバッテリーはかなりもちが悪いのです。大きな液晶画面を利用するため、これだけでかなりバッテリーを消費します。使い方によってバッテリーの減り具合はまったく違うので一概には言えませんが、普通は「１日」です。これでもスマホが登場した当初と比較すればずいぶん改善され、私自身は現在のところは満足していますが、ガラケーからスマホに変えたばかりの人にとっては「えっ、もう半分しか残ってないのか」と驚くかもしれません。写真や動画を大量に撮影したり、再生したり、また地図を長い時間使ったりすると、減り方が非常に早くなるので、旅行に行く時は、充電用の予備バッテリーを持っていったほうが安心かもしれません。

それ以外に、外出先で充電するには、電源が自由に使えるカフェ、ファストフード店、家電量販店のサービスなどが利用できます。ちなみに、新幹線はグリーン車は全席、普通車でも壁側や最前列、最後列などにコンセントがあります。古い車両だとない場合もあるのでご注意を。

【デメリット2】ボタンがない！

ガラケーの操作は「ボタンを押す」が基本。スマホは液晶画面に「触れる」だけです。静電気を利用したものなので、画面に指先でちょんと触れただけで指示が出せます。これを「タップ」とか「タッチ」と言います。これができれば、基本的には問題なし。けれど使い始めには「あれれ、どこも触ってないはずなのにヘンな画面になってしまった」「元に戻れない」ということになりがちです。それはほとんど、「うっかりあちこち触ってしまった」というケースです。もちろん、すぐに元に戻すのは簡単（だいたいはホームボタンと呼ばれるものをタップすれば、基本の画面に戻れます。ｉＰｈｏｎｅの場合は最近ホームボタンが〝廃止〟になり、画面の下のほうに触れてそのままするっと指を上にすべらせると基本画面に戻れます。とはいえ、どこも触ったつもりはないのに、覚えのない画面が出てきてしまうと、やはりとても不安になりますよね。

タッチのコツと、基本画面への戻り方さえ覚えておけば、どこを触ろうが別に壊れるようなことはないのですが、よくあるのは「アドレス帳をあれこれ触っているうちに、かけるつもりのない人に電話をかけてしまった」「かかってきた電話に出ようとしたら切ってしまった」というタイプのもの。これはどんな人も二度や三度はやります。

最近フランスにいる時友だちから電話があったのですが、出てみると「ごめん、ポケットに入れておいたらいつの間にか電話がかかってしまった」ということでした。「いまのはポケット電話だった」と謝っていました。なるほど、面白い表現をするなあ、と納得した次第です。

もうひとつ「画面にタッチしてもなかなか反応してくれない」ということがたまにあります。これ、原因は「手が乾燥しているから」というもの。残念ながら高齢になると全体的に「みずみずしさ」が失われてくるため、指先も乾燥しがちになるのですね（涙）。コレは私も同じ。けれど今のところ「反応しないことがたま〜にあるかな？」くらいで不便を感じたことはありません。よっぽどカラカラに乾燥していても「手を洗う」「ハンドクリームをつける」程度で解決するそうです。メールを書く時だけはスマホ用のタッチペン（スタイラスペン）を使うという人もいます。

【デメリット3】 指先の操作になじみがない

慣れてしまうとまったくストレスにはならないのですが、スマホの画面操作には「タップ」のほかにも「ピンチアウト、ピンチイン」「フリック」「スワイプ」などと言われる「指の動き」が要求されます。こういうカタカナ用語の多さもスマホのハードルを上げていますが、別に用語を覚える必要はまったくありません。タップは「ちょん」と触ること、ピンチアウトは、写真などを2本の指で触れたまま広げて拡大すること、ピンチインは逆に指の間を狭くして縮小すること。スワイプは画面に触れた指をそのまますべらせて移動させること。それだけのことです。つまり地図で考えるなら、もっと右のほうが見たかったら、画面に指を乗せてそのまま左のほうにすべらせていけば（スワイプ）ＯＫ。拡大して見たかったら中央のあたりに親指と人差し指をそろえて触れ、そのまま指を広げるようにし（ピンチアウト）、逆に今より広範囲の地図を見る時は広げた２本指で画面に触れたままつまむように指の間隔を狭くする（ピンチイン）。別に用語は覚えなくても、すぐに慣れてしまいます。

しかし平面の画面上で指をすべらせるとか、つまむ、というのは、これまでガラケーで慣れていた「１度押す」「２度押す」「隣のボタンを押す」といった動作とはだいぶ違うので、初めて使う人が戸惑うのは当然です。やはり定年前後の年代から使い始める人にとってこれは「デメリット」と言ってもいいのかもしれません。

【デメリット４】機能が多すぎる

これはガラケーの時代から同じです。長年ガラケーを使い続けている人でも「実はまったく使ったことがない」という機能はたくさんあるはずで、だからといって別に困ってはいないでしょう。自分に必要な機能だけを使えればそれでいいのです。ただスマホは基本的に「パソコン」と同じようなものなので、実に機能が多彩です。これを欠点と考えるかどうかはその人次第。最初は自分に必要な機能だけ（通話、メール、ウェブを見る、写真を撮るなど）を使い、慣れてきたら、他の機能も少しずつ使ってみればいいのではないでしょうか。そうやって「育てていく」のもスマホの楽しみのひとつと思いましょう。

iPhoneにするかAndroidスマホにするか

スマホには大まかに分けて2種類のものがあります。iOSか、Androidか、ということ。

OSとはパソコンやスマホを動かす「基本ソフト」のことで、たとえばパソコンの場合はマイクロソフト社のWindowsが（現在の最新OSはWindows10）がこれにあたります。国内ならＶＡＩＯ、東芝、ＮＥＣ、富士通、パナソニックなど、海外メーカーでは台湾のＡｃｅｒ、ＡＳＵＳ、アメリカのＤｅｌｌ、ＨＰ、中国のＬｅｎｏｖｏなどからＷｉｎｄｏｗｓ搭載パソコンが発売されています。アップル社のパソコンだけは、Ｗｉｎｄｏｗｓではなく自社が開発したＭａｃＯＳ（現在の最新ＯＳはＭａｃＯＳ Ｍｏｊａｖｅ）と言われるものが基本ソフトです。つまりパソコンは、アップル社のパソコン（Ｍａｃと呼ばれています）と、Ｗｉｎｄｏｗｓを搭載したアップル社以外のパソコンのふたつに分けられるのです。このふたつは画面の見た目も操作もかなり違いがあります。

スマホもこれと同じ状況になっています。スマホは、アップル社のｉＰｈｏｎｅと、それ以外に分かれており、ｉＰｈｏｎｅを動かす基本ソフトはｉＯＳ（最新バージョンはｉＯＳ12）、それ以外のスマホはグーグル社のＡｎｄｒｏｉｄ（最新バージョンはアンドロイド９・０）。正確に言うとこの２つ以外のＯＳもありますが、かなりマイナーです。

スマホを買う前にまず決めるべきは「ｉＰｈｏｎｅにするか、それ以外にするか」であるということです。

タブレットも同様で、アップル社のものはiPadのみ。iPad以外では、Androidで動くタブレットに分かれます。

スマホやタブレットを買う時、iPhoneかAndroidか、というのは迷うところでしょう。

ただ、利用できるサービス、アプリはどちらもほとんど変わりません。

どうしても迷ったら「親しい人と同じ機種」

とにかく親しい人と同じものにしてしまう、というのも選択の際にはいい考え方だと思います。たとえばご夫婦ならやはり同じOS、同じ機種のものがいい。最新のiPhoneならサイズは違っても機種がひとつしかないので迷うことはないのですが、Androidの場合だとご主人がギャラクシー（サムスン）で奥さんがアクオス（シャープ）というのは、ちょっとだけ不便なことが出てくるかもしれません。たとえば使い方で迷った時など、同じAndroidでも多少操作法が違う部分があるので助け合うことができないこともあります。メーカーのサポートに質問する時にも同じ機種のほうが効率がいいように思います。

ご夫婦に限らず、娘さんや息子さんに使い方のアドバイスをもらえる関係ならば、彼らと同じもののほうがいい。もちろん身内以外でスマホのことを相談しやすい人がいたら、その人と同じものにしてしまうのが一番です。ｉＰｈｏｎｅを使っている人にＡｎｄｒｏｉｄ携帯の使い方を聞いても、わからないこともありますから。

自分が持っているものだとアドバイスするほうも簡単です。私が使っているのは、パソコンはＭａｃ、スマホはｉＰｈｏｎｅ、タブレットはｉＰａｄで、すべてアップル社のものですが、周囲にはたくさんｉＰｈｏｎｅやＭａｃを使っている人がいるので、ちょっと困った時、アップルのサポートに連絡するほどではない時には、彼らに気軽にメールで相談できます。

なお、タブレットとスマホを両方持ちたいという場合には、ｉＰｈｏｎｅ＋ｉＰａｄの組み合わせが絶対のおすすめです。同じＯＳですからほとんど使い方が変わらず、ｉＰｈｏｎｅで撮った写真をｉＰａｄで見るといったことも非常にスムーズです。

自分が使っているから、ということもあるのですが私は初心者にこそ、iPhoneをおすすめします。

iPhoneは機種がたったひとつ、せいぜい色と保存容量くらいしか選択肢はありません。安売りもしていないので「安いものを探す」ことはほぼ不可能で、本体価格だけ見るとけっこう高いのですが、非常に美しい端末です。機種変更やデータを移行するのも非常に楽、設定も簡単。私はもともとアップルの製品の美しさに強く惹かれました。そして、何より素晴らしいと思ったのはガラケーを買うと何冊もついてくるような「取説」がまったくと言っていいほどついていなかったことです。つまり、ほとんどが直感的に使えるように、と考えられていた。新しいMacやiPhoneを買うと、「取説」は電源の入れ方くらいを数カ国後で記した紙が1枚入っているくらいで、実にシンプルです。

一方のAndroidは非常に安い端末もあるので、機種の選択肢は非常に広がります。けれどやはり機種が多すぎて、機能や操作がそれぞれ微妙に違うため、困った時に質問しづらい、バックアップなどがちょっと不安、という面もあります。

正直、iPhoneでもAndroidでも、メール、LINE、ウェブ検索、SNS、写真を撮る、というくらいだったら、いくらOSが違っていてもすぐに慣れてしまうので「どっちでもOK」なのですが、ひとつだけ「これはやめたほうがいいのでは」と思うのは、「らくらく〇〇」とか「かんたん〇〇」というタイプのAndroid機種です。中身はAndroidだけどガラケーと同じような見た目で、ボタン操作ができる、「スマホ初心者に」「スマホデビューに」「中高年向けに」と宣伝はされていますが、定年前後の方が使う機種ではないと思います。こうしたものにもニーズはあると思いますが、これで「スマホデビュー」してしまうと、それこそ機種変更してフツーのスマホにした時、もっとめんどうくさいことになると思います。

90代で初めて使うならまだしも、50～60代ならフツーのスマホを使うべきです。

タブレットは基本的には「電話」ができない

iPhoneでもAndroidでも、スマホさえ1台持っていれば、通話もネットもまったく問題はありません。タブレット端末の機能はスマホとほとんど変わりません。ただ、ちょっと気をつけたほうがいいことがあります。タブレットは見かけ上スマホの画面が大きくなっただけですが、基本的に「電話」はできないということ。

要するにタブレットは「キーボードがないパソコン」「電話ができない画面の大きなスマホ」なのです。

実際には、タブレットであってもＳｋｙｐｅ（スカイプ）とかＬＩＮＥ通話などの「インターネット電話」はできるので、まったく通話が不可ということはないのですが、今までｄｏｃｏｍｏやａｕなどで使っていた電話番号でこれまでどおりに発信、受信することはできません。８インチ前後のタブレットでスマホと同じように電話ができるものも少数ありますが、縦20センチ、横10センチ以上にはなる端末で電話をするというのは、通話が多い人にとってはあまり現実的ではありません。

あまり外出せず、主な通話は固定電話かガラケー、パソコンはちょっと苦手という人の場合、タブレット端末は最適だと思います。パソコン代わりに使うにはじゅうぶんな機能を持っています。

もうひとつ注意があります。タブレット端末は、Ｗｉ－Ｆｉの環境があるところでしか使えないタイプと、ＬＴＥ（携帯電話用通信規格）を利用して屋外のどこでも使えるタイプがあるということ。同じ機種で双方を用意している場合もあります。たとえばアップルのタブレットであるｉＰａｄも、Ｗｉ－Ｆｉのみに対応する「Ｗｉ－Ｆｉモデル」と、ＬＴＥが屋外でも使える「セルラーモデル」が選べます。本体の値段はセルラーモデルのほうが高く、月々の「通信費」もかかります。セルラーモデルのほうも基本的には「電話」としては使えませんが、携帯電話の通信網を利用してネットに接続するので、電話をしなくても料金がかかるのです。ただ、セルラーモデルでもＷｉ－Ｆｉが使える場所で使っているぶんには通信費はかかりません。

Ｗｉ－Ｆｉにしか対応していないタイプの場合、自宅の無線ＬＡＮ、駅や店舗、ホテルの部屋などが無料（ホテルの場合は有料のこともあります）Ｗｉ－Ｆｉを提供している場合は、通信費を気にせずに使えますが、それ以外の場所ではほかの方法でタブレットをネットにつなげないと、インターネット通話はもちろん、検索もメールの送受信もできません。ＬＩＮＥやＦａｃｅｂｏｏｋなどを見るのも書き込むのも不可。

屋外のどこでも利用したい場合は「モバイルルータ」というものを用意する必要があります。モバイルルータはスマホの半分くらいの大きさのもので、充電してタブレットやパソコンといっしょに持ち歩くもの。これがあればどこでも屋外でネットが使えますが、モバイルルータに月々の料金がかかります。出張先、海外旅行先でレンタルのモバイルルータを利用する人もいます。

「テザリング」という方法もあるのですが、これはテザリングに対応したスマホを、タブレットと同時に持ち歩く必要があります。テザリングはケーブルも不要で、通信料はスマホのほうの料金に含まれているので手軽です。ただしスマホのバッテリーは減るし、契約内容によりますが、たとえばテザリングでネットに接続して、タブレットで毎日動画を何時間も見る、なんてことをするとスマホの通信量がどんどん増え、1カ月の上限を超えるということも起きます。そうなると「通信速度制限」がかかり、いきなりスマホのネット接続がすごーく遅くなってしまったりすることがあります。けれど、時々メールのチェックをするていどであれば、非常に手軽で便利な手段です。

タブレット＋ガラケーが最適なこともある

「タブレットのみ」を保有するのは、場所にこだわらずタブレットを外出先でも使いたいという人には、ちょっと無理があるかもしれません。けれどもガラケー＋タブレットの組み合わせなら外出時の通話にも困りません。

この本の担当編集者Ａさん（女性）のお母さんは「ガラケー＋セルラーモデルのｉＰａｄ」だそうです。お母さんは昭和５年生まれの88歳ですが、頭も体もまったく健康で一人暮らしをしておられるとのこと。その暮らしを支える強い味方がｉＰａｄだといいます。しかも、その使用頻度たるや70代の私を上回り、よく使うアプリは、Ａｍａｚｏｎ、楽天、そしてやっぱりＬＩＮＥ、各種スポーツ情報をチェックする「スポーツナビ」、ネットバンキング用アプリ、無料動画配信アプリＨｕｌｕ、Ｎｅｔｆｌｉｘ、そして電子書籍用のＫｉｎｄｌｅなど。びっくりですね。

もともとはガラケーだけを使っておられたそうですが、15年ほど前にＡさんがしばらく入院することになり、そのあいだの連絡用にと、小さなノートパソコンを購入してメールを使い始めたそうです。退院したAさんが実家を訪れて新たなパソコンと光ファイバー、無線LANルータを導入。お母さん一人暮らしのご実家はあっという間にデジタル環境が整ってしまいました。さらにAさんは「こっちのほうが使いやすくて面白いよ！」と、発売間もないiPad購入をすすめるや、お母さんをタクシーに押し込みビックカメラに直行したそうです。

それ以来、お母さんはだんだんパソコンを立ち上げる頻度が減り、メールもウェブもiPadだけになってしまったそうです。それでも通話については家の固定電話と、ガラケーのみ。外出時ガラケーだけは「一応」持っていくそうですが、「緊急連絡用に持っているだけ」とのことです。

旅行先にiPadを持っていったこともあるそうで、iPadで撮った旅先の写真がLINEですぐに送られてきたそうです。Aさんは「旅先からいきなり電話がかかってきたら何事かと思うし、こちらからケータイに電話をかけるのもうるさがられそう。LINEで〝着いたよ〟という一言と写真が1枚送られてくれば楽しいし、安心もする」

と言っています。実家との連絡が固定電話またはケータイ、およびメールだけだったときと比べ、ｉＰａｄでお母さんがＬＩＮＥを使うようになってからは、日常の何気ない連絡の頻度が格段に上がったそうです。「いまテレビで◯◯って番組やってるよ」「見てみる」というようなちょっとした連絡も多いそうです。

「ｉＰａｄが使えるのだからケータイもｉＰｈｏｎｅにしてしまえば」とＡさんは勧めたことがあるそうですが、お母さんは「外出先での通話は少ないし、ケータイは一応持っているていど。ｉＰｈｏｎｅはいらない」と断ったそうで、Ａさんも「なるほど」と納得。実に賢い判断だと思います。お母さんのライフスタイルには、ガラケー＋ｉＰａｄが最適だということです。

スマホもタブレットもパソコンも、自分の日常生活にもっともマッチした「持ち方」というのがあるということです。

ただ「持ち歩きができないパソコン＋ガラケー」の組み合わせはやっぱり「機動力」が下がります。撮った写真をすぐに知人でＬＩＮＥで送る、外出先で近所の店を調べたい、といった時にはガラケーだけでは思うようにいかないこともあるというわけです。

遠い目標より小さな締切が大切

私は「すべての仕事に締切（デッドライン）を設ける」ことが最低限必要と考えてきましたから、それを在職中にも実践し、本に何度も書きました。

小さいことも、大きなこともすべて同じです。大きな仕事の最終的な「締切」はもしかすると5年後かもしれませんが、大きな仕事とは小さな仕事の積み重ねでしかありません。小さな仕事すべてに「締切」がある。それを順に片付けて進んでいくのがよく言われるPDCAです。ところが、先ほども書きましたが、日本人のAは「あきらめる」のAになりがちで、その結果当初「1年後に実現するという目標」はずるずると遅れる、または1年がんばったけれど無理でした、ということになる。

もちろん、最終的なゴールがどんなものか、をまずイメージしなくてはいけないのは当然です。ビジョンもなしに、目先のことだけを積み重ねるだけでは意味はありません。特にマネジメント側はそうです。けれども、ビジョンらしき立派なものを掲げておいても、それは「目標」にはなりません。明確な目標があり、そのために実現する多くの手順＝仕事を、小さなことから中くらいのことまで、すべて締切を作って片っ端から片付けていくことが重要になります。

日本人は「大きな目標」らしきものを、遠くのほうに漠然と壁に貼っておけば、やがて実現するかもしれないと思い、あるいは目標があるだけで満足してしまう。目標を立てることが気休めにしかなっていないことが多い。膨大な時間をかけて「ロードマップ」を作っただけで満足している場合がどれほど多いか。

けれど、仕事も人生もそういうものではないと思っています。

私は経営者だった時「売上を上げること」を目標に掲げたことはありません。もちろん個々の部署に「売上の目標数値」はありました。けれど、最終的な目標はそこではなかったのです。私のビジョンは「会社にいる間は全力で効率よくムダなく仕事をし、社員がワークライフバランスというものをちゃんと自分で考えられる環境を作ること」でした。これはすべての世代の「働く人」の人生にとってそうあるべきです。「最終目的」は「会社の業績」でも「給料アップ」でもない。自分の人生が最後まで人間らしく幸福であることです。その手段のひとつとして仕事の業績や、それにともなう給料の上昇、ということがある。そのためには、小さな目標すべてに「締切」を持たせて、ひとつずつ片付けていくことだけが「ゴール」への道です。

手帳はさっさとiPhoneに変えてしまえ！

Ｇメールのアドレスをひとつ持っていると、メール以外にもいろいろな使い方ができます。たとえば、仕事でもプライベートにおいても「小さな目標の管理」に使えます。明日の予定、明後日の予定、来週の予定、こうしたものは「自分宛」にメールを送るという方法がある。「送信予約」という機能を使えばそれも可能です。

また、スマホやパソコンで同じものを共有できる「Ｇｏｏｇｌｅカレンダー」というアプリを使うと、締切日に入れた項目は指定すればその前日などにメールで通知させることもできます。

ただどんなプロジェクトでも、最終的な締切だけを書いておいても意味はありません。

単純に言えば、奥さんの誕生日や結婚記念日をカレンダーに入れておいて、当日通知が届いても意味がない。当日「おめでとう」と言うだけならばいいけれど、もし記念に食事をしたい、プレゼントをしたい、旅行をしたい、というのなら、「誕生日」という当日までにやらなくてはいけない「締切」がたくさんあるからです。たとえば店の下見、店の予約、プレゼントを探す、実際に買う、そうしたことが必要なら、「いつ下見に行くのか」「プレゼントはいつまでに探すべきか」「いつ実際に買うか」など、どんな人でもカレンダーには書き込まないまでも、頭の中にいろいろな締切を作っているはずです。こうしたことをＧメールやＧｏｏｇｌｅカレンダーを使って管理すればいい。

私はｉＰｈｏｎｅを買ってから、紙の手帳と住所録を使うのをやめました。紙がないと、もしもｉＰｈｏｎｅやパソコンが故障したら、または機種を変更する時に困らないのか、と言われることもありましたが、もはやこれらの「消えては困るもの」は、基本的にすべて自分のパソコンと同時に、外部のクラウドサーバに保存されていますから、ひとつのアカウント（メールアドレスとパスワード）さえ最初に作っておけば、別のスマホでもパソコンでも、これにアクセスして利用したり、自分のパソコン、スマホに再度すぐダウンロードすることができます。むしろ、紙の住所録と手帳だけにたよるより、ずっと安心とも言えるのです。

それを知ったとたんに、すぐ切り替えました。2007年にiPhoneが登場してから1年後くらいに買いましたから、もう10年も前です。とはいえ、まだたった10年か、とも思います。10年の間にどんどん新しいサービス、便利な機能が増え、これらはますます使いやすくなってきています。最初のうちは、自分にあった使い方をするために、マイナーなサービスやアプリまでいろいろ探したものですが、あっという間にそんなことをしなくてもよくなりました。

私の入り口、というか突破口がGメールだったのです。私は在職中にいっしょに働いていた非常に優秀なインド人のIT技術者たちに強くすすめられてGメールを使い始めたのですが、当初は「自分宛に、スケジュールを記したメールを送る」ということをしていました。けれど、そのメールの予定を「前日の夜に自分宛に知らせてほしい」という機能がほしかった。そこで、Boomerang（ブーメラン）というGメール用のサービスを見つけて利用しました。つまり「9月19日に◯◯さんと会食、場所は◯◯」というGメールを自分宛に送る時、「このメールを9月18日に自分宛に送る」という設定ができるものものです。そうすれば、会食前日に自分宛のメールが届く。メールをリマインダー代わりにできるというわけ。

このサービスを見つけた時は「これ、サイコ〜!!」と思いました。

Ｂｏｏｍｅｒａｎｇは今もありますが、その後Ｇｏｏｇｌｅカレンダーに予定を書き込めば、その時「すべての予定を前日にメールで通知する」という設定をするだけで同じことができるようになりました。メールではなく、スマホの画面に「通知」をさせることもできる。こうしたサービスというのは「完成形」を待ってから「買う」「使う」のではなく、とりあえず使い始めてしまうのが正解。ＩＴ系、デジタル系のサービスの最大の特徴だと思います。

仕事もプライベートも「紙」が一番信頼できるとは限らない

私の場合、メールはGメール、そしてカレンダーはGoogleカレンダーとアップルのカレンダーですが、これは、同時に両方使っても同期が可能です。予定はメールを使ってカレンダーに予定を書きこんだり、前日や1時間前などに先の予定を通知してもらうこともできる。店などの予約アプリによっては、確定した予約をそのままカレンダーに反映できるものもあります。設定は別に何もむずかしいことはありません。

iPhoneもカレンダーアプリもなかった頃、私は仕事の予定を「発生した順」ではなく、すべて「締切順」に整理し、出勤したら手前のファイルから順に片付けるというファイリング方式でスケジュールを管理していました。これは、若い頃に勤めていたドイツのメリタという会社の方式を取り入れたものですが、日本の仕事のやりかたとしては画期的なものでした。

日本は会議をすること、予定を立てること、ロードマップを作るための資料製作にばかり時間をかけて、「予定表・計画」を作るとそれで満足してしまう。それが「仕事ができる人」の条件でしたが、私はそれに風穴を開けたかった。最初は紙の書類のファイルを、引き出しに入れるというアナログな方法でしたが、それとまったく同じことを、iPhoneやGメール、カレンダーアプリを使えばもっともっと簡単にできることがわかった。

目的がはっきりしているのなら、紙だろうがデジタルだろうが、手段を選ぶ必要はありません。「重要なものは紙で保存すべき」「紙のほうが信頼できる」という迷信のようなものは、もうさっさと捨ててしまったほうがいい。

最近さんざん問題になっている政府の「紙」の書類が信頼できますか？　「書類を破棄したのでわかりません」などという言い訳が通用するのは「紙」だからこそです。

プライベートの写真だって、あっという間にフィルムとプリントからデジタルになりました。現像やプリントを頼みに行く手間もない。プリントしたい場合はそれも可能です。プリントだけしか手元に残せなければやがてそれは色あせ、破れて判読もできなくなってしまいますが、元のデジタル画像があれば場所もとらずに保存ができます。しかも、ＤＶＤ保存さえ不要なほどで、クラウドサーバ（しかもほぼ無料）に自動的に預けてしまえば、万一パソコンやスマホが壊れても、失われてしまうことはまずありません。大切にして常に手元に置きたいものだけは、プリントしたり、ＤＶＤに焼いたり、という選択ができる。

紙には紙の良さがあります。けれど、自分の目的や目標に合うものならば、「道具」はいくら変えてもかまわない。

仕事だろうが趣味だろうが同じではないですか？　特に趣味の分野ならば、いくらでも自分勝手に試行錯誤ができるはずです。自分の人生を楽しむための道具ならば、新しいものを使うことをためらっていては損するだけです。

第3章

FacebookとLINEを使おう

10年前よりずっと使いやすくなったパソコン、スマホ

スマホもタブレットもパソコンも、さまざまなことができるとはいってもその基本は「コミュニケーションツール」です。もちろんひとりでゲームもできるし、調べ物もできるし、仕事の数字を管理することもできます。けれど、インターネットというのは、それを特定の人と、また時には不特定多数の人と分かち合うために「発明」されたものです。世界中のどこにいる人ともそれができる通信方法がほしい！　と思った人たちがインターネットというものを考えてくれた。研究や実験が始まったのは1960年代だそうです。電子メールが一般に普及し始めたのは80年代でした。90年代になってから無料でアドレスがとれるホットメール、ヤフーメールも登場します。95年に発売されたWindows95のブームが大きなきっかけでパソコンは爆発的に普及しました。あのときの行列は、今でも時々ニュース映像で流れています。考えてみればそれから20数年。

私は当時40代の後半で、もちろんまだ現役で仕事をしていました。初代iPhoneの

発売は２００７年、Ａｎｄｒｏｉｄ搭載のスマホは少し遅れて２００９年に登場しています。あっという間に小学生までもがスマホを使うようになってしまった。

この10年でスマホもパソコンも、ものすごく使いやすくなりました。だから、「今から始める」人にとっては実は非常に有利なのです。しかも当時に比べたらケタがひとつ違うほどに安くなっています。かつてのように使いにくいものを無理やり使っていた苦労をまったくしなくてすむのです。「乗り遅れた」と思う必要などまったくない。むしろ「あとから乗ったほうがずっと得」と言い切れます。

だからこそ、パソコンもスマホも初心者こそ「最新版」を買うべきなのです。「初心者だから安い中古でいい」というのは大きな間違い。古いものだとサポートが終わっていたり、新しいソフトが使えなかったりして、トラブルが起きた時に初心者では対処のしようがなくなることのほうが多いのですから、絶対に新品を買うべきです。

そもそもSNSとは何なのか

さて、パソコンとスマホは、いまや最強の通信手段、コミュニケーションツールとなりました。

通話、メール、SNSなどによるコミュニケーションは、パソコンと同等の性能を持ち、しかも「電話」がついているスマホ1台ですべて行うことができるようにもなった。スマホならではのコミュニケーションとして、電話とメール以外に、もうひとつ加わったのがSNSというものです。ソーシャル・ネットワーク・システムの略ですが、要するに、おなじみのLINE、Twitter、Facebook、Instagramといったもの。

このSNS、急激に普及しすぎて、犯罪の温床と言われたり、いじめのツールになったり、個人情報の流出が問題視されたりと、ネガティブな側面も確かにあります。

けれど、それを理由に使わない、というのは間違いだと思っています。電話だって手紙だって犯罪に使われることはいくらでもある。不用心すぎるのも問題ですが、むやみに警戒しすぎることはないと思います。一人前以上のおじさん、おばさんが「適切な目的」で使うのであれば、心配しすぎは損だと私は思います。

たとえばネットバンキングの情報漏えいを心配する人がいますが、パスワードの管理さえちゃんとしておけば、通常のキャッシュカード、通帳＋印鑑での利用よりも考え方によってはずっと安全です。クレジットカードも銀行カードも、出入金をチェックしていれば万一おぼえがない引き出しがあってもすぐに調べてもらえるし、本当に本人が使っていないものは補填してくれます。情報漏えいというのは昔からあったことです。自宅にはセールスの電話がかかってくるし、いったいどこで調べたのかと思うようなダイレクトメールがつぎつぎ届いていたはず。

ネットに対する不信感と不安感だけで興味や活動の幅を狭めてしまうことはないと思います。

身近な人との日常連絡に便利なLINE

こうしたことを踏まえた上であらためて、SNSについて考えてみましょう。私が使っているSNSは主にFacebookです。

LINEも登録してありますが、海外用のiPhoneと日本用をふたつ持っているためちょっと使いづらく、あまり頻繁には活用していません。とはいえ、「LINEを使うためにスマホを買う」という人も多いほど利用者が多いアプリです。LINEアプリを使っている人は、全世界で2億人以上、日本国内だけで7300万人（2017年12月）以上だそうで、ピークは40代の男女（女性のほうがやや多い）です。

LINEはごく身近な人との連絡にはたいへん便利です。LINEというアプリ（パソコンで言えば「Word」や「Excel」などのソフトにあたる）をダウンロードして登録すれば、無料ですぐに使えます。これで、LINEを使っている人同士で連絡をとりあうことができるのですが、自分が「友だちに追加」し「相手が承諾」した場合にのみお互いにやりとりができるようになります。そのための方法というのはたくさん用意されています。ＬＩＮＥのアプリから相手のメールアドレスに「招待状」を出すとか、自分のスマホのアドレス帳に登録されている人の中から選んで「友だちに追加」するなどなど。

てっとり早いのは、まず一番に連絡をとりあいたい家族といっしょにいる時、お互いのスマホを出して、登録してしまうことです。すでにＬＩＮＥを使っている先輩ならもっとも簡単な方法で登録してくれるはずです。スマホ同士を近づけて「振る」という方法もあります。

すべての方法はここで説明できませんが、最初の一歩は身近な先輩に教えてもらってください。

ＬＩＮＥは、「世界中とつながりたい」などという大それた目的よりも、「親しい人」と日常的に連絡をとるためのツールです。それこそ「今、会社出たよ」「了解」とか、

「ちょっと遅れる、ごめん」「急がなくていいよ」といったことから、「元気にしている?」「ありがとう、元気だよ」という程度のうんと簡単なやりとりに非常に向いています。メールだとつい「ご無沙汰しております。お元気でお過ごしでしょうか」と、どうもかしこまってしまいがちですが、LINEはチャットと同じようなものですから、なんどかやりとりをしたあとならば「元気?」だけでじゅうぶん、ということ。連絡をとる「敷居」は非常に低くなります。そのぶん頻度が上がります。

もうひとつ、相手に「すぐに」通知が行くという利点があります。スマホの設定によりますが、LINEはメッセージが配信されたとたんに「通知音」がしたり、画面にメッセージ内容が数行表示されたりします。こうしたことはメールでもできないことはありませんが、特定の相手からの連絡があったことをすぐに知りたい、という時は便利この上ありません。

しかも、相手がそのメッセージを読んだかどうか、がすぐに確認できます。返信がなくても、相手がアプリを開いてメッセージを読むと、それだけで「既読」という文字がLINE画面に表示されるのです。いわゆる開封通知です。通常のメールにこの機能は

LINE

無料・LINE Corporation

家族の連絡には最適！
スタンプのやりとりも楽しい

プライバシーの保護などのため、登録に電話番号を利用する。登録するとスマホのSMS（ショートメール）または自動電話で認証番号が届くので、これをLINEの画面に入力する。自信がなければすでに使っている人につきあってもらって登録するのがてっとり早い。

ありません。送ったはいいけれど、相手に届いたのか、読んでくれたのか、はわからない。LINEの「既読」機能はそこが大きく違います。

年老いた両親と離れて暮らしている、とか、さっぱり電話にも出ない息子の「無事」くらいはたまに確認したいというような場合でも、LINEにメッセージを簡単に送って「既読」になっていれば、それだけでとりあえず安心、というメリットもあります。

LINEはメールと違って、パソコンを立ち上げるとか、ソフトを開く、ということをしなくても「通知」がスマホの画面上に表示されるので、すぐに読めて、しかも相手に「読んだ」ということだけは伝わるので、「何か返事をしよう」という気持ちが強くなります。

「既読スルー」という言葉がありますが、これは読むだけ読んで返信しない、という意味。あまり「既読スルー」が多いと、「読んだなら一言くらい返信してくれればいいのに！」と怒られてしまうそうですからお気をつけて。やはりメールもLINEも「読んだらすぐ返信」は「鉄則」ということです。

あまりLINEの相手が多かったり、そこに仕事仲間が入っていたりするとけっこうめんどうに感じるかもしれませんが、本当に親しい人、家族だけに限って使うのであれば、あまり気にすることはないのではないでしょうか。家族間であれば「既読」の機能はメリットのほうが大きいと思います。

家族にすすめられているならＬＩＮＥはすぐ使え

田舎のお母さんが都会の息子に心づくしの小包などを送っても、これまでは「ついた」の電話さえなかったものが、ＬＩＮＥで「野菜送ったよ」とメッセージを送ったら「ありがとう、うまかった」と返信が来るようになったという人も少なくないのだそうです。「コラ息子、お礼の電話くらいかけろ」とは言いたくなりますが、親と電話というのは「久しぶり」になればなるほど、ちょっとめんどうな気持ちになるのもわからないではありません。ＬＩＮＥは気楽なのでしょうね。

ＬＩＮＥのやりとりに慣れてしまうと、どんどん文章が短くなり、「ちゃんとした日本語が使えなくなる」とか文句を言う人がすぐ出てきますが、私たちの世代に今さらそんな心配は無用です。

文章が簡単だろうが適当だろうが、スタンプひとつの返事だろうが、そこにコミュニケーションがあるなら、絶対に「ない」よりいい。そう思いませんか？

小学生の頃からこうしたコミュニケーションしかできない、ということになるとそれは多少問題もあるでしょうが、ちゃんと文章を書く機会は他にいくらでもあるはずです。

だから、皆さんは安心して使ってください。

ＬＩＮＥは、スマホで撮った写真や動画もその場ですぐ送れるし、ＬＩＮＥ同士なら通話もできる。さらに「テレビ電話」もできます。しかも無料。

一度使ってみてはどうでしょう。特にご家族からすすめられているのなら、ぜひそれに乗ってください。

スタンプ使いの「達人」になるとスタンプだけでもやりとりが成立してしまうそうですよ。

残念ながら私はさっき書いたとおり日本国内用と、フランス滞在用に、ｉＰｈｏｎｅ

を2台持っているせいでちょっと使いにくいのです。ＬＩＮＥというアプリは、原則的にはスマホ1台につきひとつのアカウントしか作れないことになっているので、両方のｉＰｈｏｎｅに入れると、相手のＬＩＮＥには私のアカウントがふたつ表示されることになり、かなりややこしい。もちろん、海外でも日本のｉＰｈｏｎｅをＷｉ－Ｆｉに接続すれば日本のアカウントのままＬＩＮＥは使えますが、通話はフランス用のｉＰｈｏｎｅを使うため、これもやはりめんどう。ＬＩＮＥのためだけにｉＰｈｏｎｅをふたつ使い分けるというのもヘンなものです。ｉＰａｄやパソコンなら日本のｉＰｈｏｎｅのＬＩＮＥアカウントを共用できるのですが、ＬＩＮＥでしか連絡できない相手がいるわけではないので、結局あまり使っていません。

海外では、ＬＩＮＥに似た機能を持つWhat's App（ワッツアップ）のほうがメジャーです。これはｉＰｈｏｎｅ2台でも同じアカウントを使えますが、あいにく日本人があまり使っていないので、これも私には不便。

そんなわけで私の生活にはあまりＬＩＮＥは向きませんが、スマホを利用し始めたら、とりあえずは入れておくといいアプリだと思います。

まず家族と連絡をとれるかどうか、試してみましょう。ただ、これはあらかじめ知っておいたほうがいいのですが、「友だちの自動追加」をオンにしておくと、スマホのアドレス帳にある人のなかでＬＩＮＥを使っている人を全部「追加」してしまうことになり、しかも相手に「◯◯さんがあなたを友だちに追加した」という通知が届いてしまいます。これはやめておいたほうが無難。最初にこの機能がオフになっていることを確認してから、個別にお互いに連絡を取り合いたい家族だけ「友だちに追加」にしたほうがいいと思います。

こうした方法は、自分でちゃんと調べて、わからなかったらすでに使っている人に聞けば、すぐわかるはずです。

使い始めてしまえば、これほど簡単なものはありません。

写真も動画も、撮ってすぐにワンタッチで送れるのはやっぱり楽しいものです。けれど、やはりこれは頻繁に連絡をとりたい人同士の連絡ツールだな、と思います。

「グループ機能」も、実は私は使ったことがないのですが、聞くところによるとなかなか便利なもののようです。「家族全員」に伝えるために「家族用」というグループを作っておくと、ひとつの書き込みで家族全員に伝わります。緊急連絡用に作っておくといいでしょうね。

近頃は学生の部活などの連絡も、部員全員を「グループ」にして、ここで予定の変更などを知らせあっているようです。

「実名」でわかりやすいFacebookの機能

さて、数あるSNSのサービスのなかで、私が皆さんにおすすめしたいのはFacebookです。TwitterやInstagramもいいのですが、定年後にのんびり自分の思ったことを知り合いに伝えたり、時には「知り合いの知り合い」くらいにまでなら伝えてもいいなあ、というくらいの感じで始めるには一番とっつきやすいと思うからです。

私もだんだんと書く回数が増えてきて、今では毎日1回くらいは何かしらの写真を載せたり、短い文章を書いたりしています。

Ｆａｃｅｂｏｏｋはパソコンだけでも、スマホだけでも利用することができます。両方で使うこともできますが、登録はどちらからでもＯＫ。パソコンはウェブブラウザから、スマホの場合はウェブブラウザからも専用アプリからも利用ができますが、使いやすいのは専用アプリです。画面が大きいｉＰａｄ用のアプリもあり、こちらからだと写真を見るのが楽しくなります。一度登録してしまえば、どの端末からでも使えますよ。私も自分で撮った写真を載せる時はｉＰｈｏｎｅからですが、のんびりいろいろな人の書き込みを眺める時はパソコンやｉＰａｄを使います。

Ｆａｃｅｂｏｏｋの最大の特徴は「実名登録」が原則だということだと思います。

そのおかげで、その昔ハイデルベルク大学で家内が知り合い、とてもお世話になって、でもいつしか音信不通になっていたフランス人の女性を40数年ぶりに見つけることができました。今では毎年夏にフランスでお会いしています。本当はもうひとり、やはりハイデルベルクで知り合ったベルギー人の男性で、当時ブラジル人の彼女がいた人を何とか見つけたいのですが、いまだ見つかっていません。

その点ＴｗｉｔｔｅｒやＩｎｓｔａｇｒａｍは、本名を使う必要はなく、しかもひと

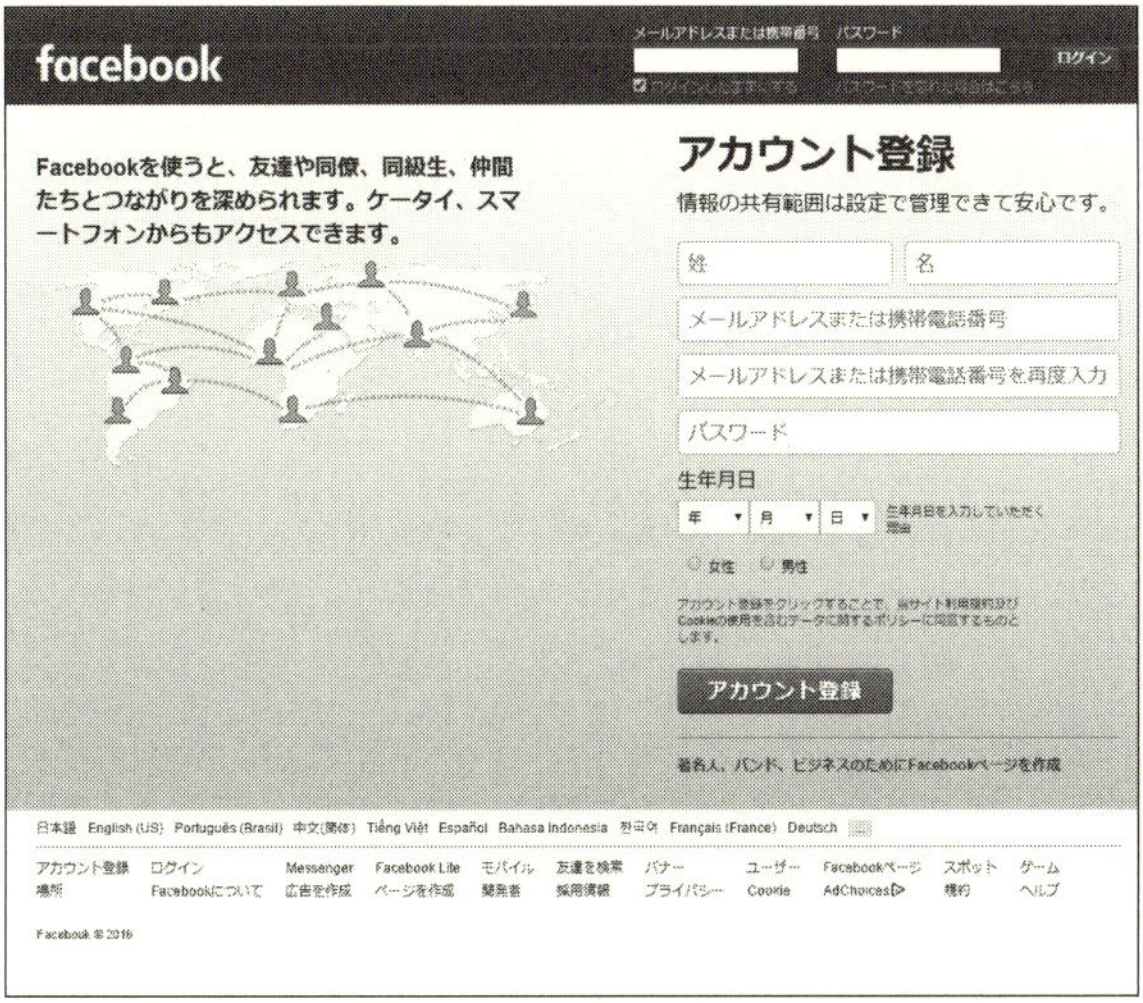

Facebook登録は簡単。スマホまたはパソコン、どちらからでもOK。画面の説明に沿って名前やメールアドレスを入力していく。くわしい登録方法が知りたい人は「Facebook navi」を見るとよい。https://f-navigation.jp/manual/名前とアドレス以外は、あとから登録・変更できるのでわからないところは空けておく。自分の顔写真だけは最初に載せておいたほうがベター。

りでいくつもアカウントを作ることができます。

Ｆａｃｅｂｏｏｋのほうは、本名のアカウントをひとつ作るだけ、というのが原則です。世の中には同姓同名の人もたくさんいますが、基本的には「知り合い同士」がつながっていくためのツールなので、これで問題はないのです。

必要なのは、名字と名前とメールアドレス、生年月日とパスワード。登録画面でこれを決めて送信すると、「確認コード」というものがメールで届くので、これをＦａｃｅｂｏｏｋの画面上で入力すればほぼおしまいです。画面の指示どおりにすれば、自動的にページができてしまいます。あとから出身地、出身校、職歴などをつけ加えたりすることもできますが、無理に公開する必要はありません。自分のプロフィール写真も登録できます。していない人もいますが、顔写真があったほうが「本人です！」ということがちゃんと相手に伝わると思います。とはいえ必ずしも顔写真である必要はなく、イラスト、ペットや花の写真などにしている人もたくさんいます。それにこれは気が向いた時、いつでも何度でも変更できます。

くわしい使い方は、ネットでも、本でもすぐにわかります。ただＦａｃｅｂｏｏｋに

Facebook（フェイスブック）

無料・facebook, inc

音信不通だった旧友と再会できるかも

著者のFacebookトップページ。投稿の頻度は「気が向いた時」。やっぱり「いいね」が多いとうれしいもの。

せよＬＩＮＥにせよ、こうしたインターネット上でのサービスは、同じアプリ、同じサービスでも日々アップデートされます。少しずつ使い勝手や運用ルールが変わることがあるので、本を読むよりも、「Ｆａｃｅｂｏｏｋの使い方」「ＬＩＮＥの使い方」などのキーワードで検索し、記事がなるべく新しいものを選んで読むのが一番です。

家電製品のように「完成した商品」であれば付属の「取扱説明書」をよーく読めば使い方がわかるようになっていますが、こうしたサービスに「完成形」はありません。時々機能がアップデートされ、それをネットを通じてダウンロードすることで「よりよいものにしよう」というのが基本的な考え方です。ただ、使っているほうとしては使い慣れた頃にソフトが自動的にアップデートされてかえって使いにくくなってしまった、というケースもあるのですが、ある日突然、まったく違うものになってしまう、ということはありません。ＳＮＳについては、トラブルの防止や、セキュリティの強化などのために、少しずつ機能やルールが変化していくことが多いようです。

ＦａｃｅｂｏｏｋやＬＩＮＥ、Ｔｗｉｔｔｅｒ、Ｉｎｓｔａｇｒａｍなどはすべて、登録・利用は無料。オプションで有料サービスもありますが、無料で使うのが基本で、画面のあちこちに入っている広告料が収益源の柱。Ｆａｃｅｂｏｏｋの利用者数は国内で２８００万人。ちなみにＬＩＮＥは前述のとおり７３００万人、Ｔｗｉｔｔｅｒは４５００万人、Ｉｎｓｔａｇｒａｍが２０００万人（すべて２０１７年）です。

総務省が国内10〜60代の男女１５００人に調査した結果を見ると、Ｆａｃｅｂｏｏｋの利用率は、50代で23％、60代では10％です。ＬＩＮＥは50代が54％、60代は24％なのでこれに比べると多いとは言えませんが、Ｔｗｉｔｔｅｒの利用率は60代４・６％、Ｉｎｓｔａｇｒａｍにいたっては１・３％。男性に限ると60代のＩｎｓｔａｇｒａｍユーザーはゼロです。

つまり私自身の実感からも、データからも、Ｆａｃｅｂｏｏｋというのは、ＬＩＮＥは別として、他のＳＮＳと比較すると、50代以降、そして「本当の人生」を楽しもうとする人にとっては、使いやすいコミュニケーションツールだと言えるでしょう。

Ｆａｃｅｂｏｏｋで旧友の近況がわかる楽しさ

Ｆａｃｅｂｏｏｋの「見た目」はものすごく簡単な個人のホームページのようなものです。パソコンやスマホから文章を書いたり、写真や動画を投稿していくことができます。

書いただけで誰にも公開しなければただの「日記」にしかなりませんが、Ｆａｃｅｂｏｏｋは「友だち」を増やして、お互いのページを見たり、お互いのページに感想を書いたりすることができるのです。自分のホームページと、知り合いのホームページを自由に行き来できるプラットフォームのようなものと思ってください。

Ｆａｃｅｂｏｏｋに登録してある人同士は、お互いに「招待」をし合う形で「Ｆａｃｅｂｏｏｋ上の友だち同士」になることができます。

たとえば私が、Ａさんという人を招待し、Ａさんがそれを了承すると「友だち」として交流できることになります。さらにＡさんを介して、Ａさんの友だちであるＢさんとも友だちになることが可能です。そうやっていくうちに、「Ｆａｃｅｂｏｏｋ上の友だちグループ」のようなものができて、それぞれが書き込んだものを読んだり、「いいね」と言われるボタンを押して「よかったね」「面白い！」という意思だけを伝えることもできる。

ただ見ているだけで、たまに「いいね」ボタンを押すだけでも、相手の近況がわかるのは楽しいものです。「ああ元気にしているんだな」「へえ、今はこんなところに住んでいるのか」ということがなんとなくわかっていれば、「たまには電話してみようか」という気持ちにもなりやすい。意外に近所に住んでいるらしいということがわかれば、連絡して会ってみようというきっかけにもなります。

自分のページを誰に公開するか、ということは自分自身で決めることができます。ほんとうに誰にも公開しない場合は「非公開」とすることもできるし、「招待メール」を誰からももらいたくなかったらそういう設定もできる。また、友だちではない人、つまり不特定多数の人にも公開してしまう、ということも可能です。

私自身はすべて「公開」で書いています。特定の人にだけメッセージを送りたい時は、

「メッセージ」という機能もあるので、それを利用したり、普通にメールを出すようにしています。

もうひとつ、Ｆａｃｅｂｏｏｋで面白いのは、インターネットで見かけた面白い記事や興味を持った本、疑問を感じたニュースなどを、そのまま「シェア」という形で、自分のページにいわば「転載」することができるところ。「このニュースどう思う？　おかしくない？」と、新聞記事を友だちに見せながら話をする、というイメージです。

定年ライフにぴったりの道具

現役世代の若い人で、Ｆａｃｅｂｏｏｋをあまり使わないという人にその理由を聞いてみると、「実名」が原則であるため、グループ内に、同僚と同級生、時には家族までが「同居」してしまうことになるのが少々めんどうくさい、ということのようです。最初は同級生同士のグループでいどだったＦａｃｅｂｏｏｋを、会社の同僚に「発見」されて「友だちになりましょう」という「招待」をもらい承認したところ、今度はその同僚の「友だち」になっている上司から「招待」が来てしまって困った、ということらしい。それまでは同級生の友だち同士だからと、昔話やら子供の話ばかり書いていたものを「上司」も読むことが可能になってしまうわけです。しかも、ここで会社のグチは書けない。そりゃそうですね。

結局若い人たちはＦａｃｅｂｏｏｋは友人の近況を読むために登録はしているものの、実際に書き込んだり、やりとりをしたりすることは少なくなり、普段はＬＩＮＥの「グループ機能」を使ったり、Ｔｗｉｔｔｅｒ、Ｉｎｓｔａｇｒａｍを愛用するようになっているようです。

しかし、これは逆に言うと定年前後の世代にこそ、Ｆａｃｅｂｏｏｋは向いているとも言えます。仕事のつながりよりも、同級生や故郷の友だちなどの近況を知ったり、「友だちの友だち」のつながりで、音信不通だった同級生が元気でいることがわかったり、直接１対１でやりとりをしなくても、友だちのページ、友だちの友だちのページ、と読んでいるだけでも、古い友人たちと旧交をあたためているような気持ちになります。

読むだけでも楽しいけれど、先ほど書いたとおり、ボタンを押すだけの「いいね」で反応もできるし、たった一言「なつかしいね！」とコメントするだけでもいい。あなたがコメントしたことは相手にすぐ通知されます。

私がＦａｃｅｂｏｏｋを始めたのは２００７〜２００８年、「お友だちになりましょう」の申請が来るたび、ほぼ無条件で「はい」と承認していったら、今は「友だち」の数が１１９１人になっています。仕事で知り合った社外の人、同級生、フランスで知り合った日本人、日本で知り合った外国人、さらに彼らの友だちが入り混じっています。なかには、講演会を聞きに来てくださった方が、Ｆａｃｅｂｏｏｋを検索して私の名前を見つけ、その上で「友だち申請」をしてくれた、というケースもあります。

それにしても最近は外国人の方からの申請がやたら多いので不思議に思っているのですが、まったく面識のない外国人の方からのものは却下させていただいています。フランスにいて現場感覚で感じた批判的なことも時々書いているので、怒られないためにも。

もちろん、１０００人以上も友だちがいるからといって、すべての人とやりとりをしているわけではありません。彼らのすべてが、私の書いたことを読んだり、写真を見ているわけでもない。私も、彼らのページを全部見るなんてことはできません。「タイムライン」というのをスクロールしながら見ていくと、私の「友だち」たちが、投稿した記事やら写真が新しい順に並んで出てくるのです。くわしくは知らないのですが、私がよくコメントをしたり、逆に私にしばしばコメントを書いてくれる人の投稿が優先的に表示されるようです。

気になったところでちょっと止まって「いいね」を押してみたり、さらにその前後の投稿を読みたければその人のページに移動して、ほかの投稿を続けて読んだり。一応そんなことをしてから、自分のページで書きたいことを書く、自分のページにコメントしてくれた人をチェックして、さらに必要ならそれにコメントする、というようなことをしています。最近はだいたい1日1回、身近なできごとや旅行先の写真、話題になったニュースへの感想などを投稿しています。

自分の投稿に何かコメントを書いてくれた人には、できるだけコメントのお返しを書くようにしています。「いいね」だけくれた人の数を見てみると、これは投稿内容によって大きな違いがあって、多い時だと２００人近くなりますが、少ない時は、10人くらい。平均すると、40~70人の間くらいでしょうか。さらに、比較的、よくコメントを書いてくれる人というのは限られていて、数十人ではないかと思います。どんなことにも律儀に何か一言書いてくれる人もいますが、ごく少数です。

逆に私のほうからだと、この人はよく面白い記事を教えてくれたり、面白い写真を投稿するなと思って注目して見ているのはやはり数十人ではないでしょうか。「いいね」ボタンは気軽にポチポチと押していますが、相手の記事に意見や感想を書き込むことはさほど多くありません。

Ｆａｃｅｂｏｏｋの使い方というのは、人それぞれで、毎日必ずかなり長文のブログ記事的なものを載せる人もいれば、自分ではまったく投稿せずそのかわりに友だちの投稿をすみからすみまで読むだけ、コメントも残さず「いいね」もしない、という人もいるようです。

私の経験上おすすめなのは、中高年になってから始めるなら、まず実際に親しい同級生を誘って「友だち」になってみること。すでに実際の友だちなのですが、Ｆａｃｅｂｏｏｋ上でも「友だち」になるわけです。できれば、ＩＴ系にくわしい友だちはぜひ積

著者のFacebookの投稿と友人たちのとのやりとり。日常生活の中で撮った写真を１枚、それに数行のコメントをつけた形のものが多い。

極的に「友だち」にしてしまいましょう。すると、「友だちの友だち」というのも、画面に表示されるので、その中に「なつかしい顔」を見つけたら、まずその人のページをざっと見て、その上で「友だちリクエスト」をするといい。リクエスト時にはメッセージも書けるので、一言「ごぶさたの挨拶」と「Ｆａｃｅｂｏｏｋを始めたのでこちらでも友だちになってね」「私は昨日どこどこでご挨拶した○○です」と書いておくといいと思いますよ。すでに友だちが多い人と「友だち」になると、懐かしい人から「友だちのリクエスト」が来ることもあります。

Ｆａｃｅｂｏｏｋの検索機能を使って同じ大学の出身者や同じ会社に勤めたことがある人を探す、ということもできるのですが、わざわざそんなことをしなくても、少しずつ自然に増えていくものです。

「知り合いかも」というリストも自動的に表示されてどんどん増えていきます。「本当に知り合いで、ぜひ友だちになりたい」という場合には、まずその人のページを見てみてから、リクエストしてみてもいいと思います。

社会にもSNSにもルールやマナーがある

Ｆａｃｅｂｏｏｋを使っていると、あなたが書いたひとつの投稿に誰かがコメントし、さらに別の誰かがコメントし、私が返事を書いてそこに別の人がまたコメントする、ということがどんどん続くこともあります。これはこれで楽しいものです。たとえば、私がたわいのない昔の思い出などを書いた時、当時を知っているAさんが「こんなこともあったよ」、Bさんが「もっとあんなこともあった」そこへCさんも入ってきて「それより、あれを覚えている？」などと書いて、ちょっとした同窓会のようなものになってしまうこともあります。

けれど、たまに「困る」ことも起きます。それは「この記事を読んでこう思った」といった意見を書いたりすると、Aさんが「僕もそう思う」Bさんが「いや、僕はそう思わない」と少々意見が食い違うことがあります。それは当然なのですが、AさんとBさんが、私のコメント欄で何となく険悪なコメントの応酬を始めてしまったりする、ということがたまにある。ＡさんとＢさんは両方私の友だちではあるけれど、ふたりはお互いに面識がないのです。私が仲裁に入らなければいけないような気になり、「そういえばこんなこともありますね」などと書いて話をそらそうとしたりするのですが、ＡさんとＢさんのあまりよろしくないコメントのやりとりがまだ続いていたりすると、ちょっと困ってしまいます。

「友だちの友だちは友だちだ」というのがＳＮＳの基本のようなものですが、使っているうちに、直接面識がない「友だち」が結果的には増えてしまうものです。もちろん厳密に「面識のない人とはＦａｃｅｂｏｏｋ上で友だちにならない」という自分のルールでやってもかまわないのですが、それも何だかつまらない気持ちがします。

Ｆａｃｅｂｏｏｋにはいろいろな機能があるので、「このコメントは友だち全部ではなくこの３人にしか見えないようにする」といったことも、できるにはできるようなのですが、３人だけに伝えたいことならメールでいいじゃないかと思います。

つまり、友だちが増えてくると、そこにやはりひとつの社会ができあがり、全員が全員を直接知っているわけではない、という状況が生まれるのです。しかも「同じ会社」

といった共通のバックグラウンドがあるとは限らない。

とはいえ、ひとつの話題に対して、直接の知り合いではない人がつぎつぎに、「私はこういう仕事をしているからこう思う」「私は過去にこういう経験があったのでこう感じる」といろいろな意見を書いてくれたりすると、それを読むのはとても楽しいものです。でもコメント欄であまり激しい議論が始まっちゃうと、議事進行をする自信はありません。なんだかめんどうなことを書く人がいるなあ、という場合はそのまま、読まなかったことにしています。

Facebookで「孫の自慢」をしてはいけない

もうひとつ気をつけたほうがいいのは、自分のことも含めてですが、特に友人の個人的な情報を書き込むことはやめたほうがいいということ。私は自分の写真や妻の写真もたまにFacebookに載せますが、勝手に他の友人の写真は載せません。

もちろん自分の家族の写真も、相手に断りなく載せるのはやめたほうがいいです。

特に気をつけたほうがいいのは、私たちの世代だと「孫の写真」です。しょっちゅう小さな子どもたちの写真を載せて「今ここで遊んでます」「ここの幼稚園に通っています」と紹介している人がいるようですが、さすがに人のお子さんながらちょっと心配になります。

最近のスマホで撮った写真には位置情報も入っています。ということは、悪意を持った人が、写っている子どもの名前や家を特定して、たとえば誘拐するなどという犯罪も絶対にないとは言い切れないのです。

孫が可愛いからといって、写真をむやみにFacebookに投稿して自慢しないこと！　そもそも人の孫ばっかり見せられても、あなたの「友だち」は別に楽しくもなんともないと思います。お義理の「いいね」がもらえるていどでしょう。

それ以前に「孫自慢」しか話題がないほうが問題です。可愛いお孫さんの写真はスマホにしまって、ご夫婦で楽しんでください。たとえばスマホの写真を大きなテレビ画面で見ることもできます。私はこちらを断然おすすめしたいと思います。

Ｔｗｉｔｔｅｒやｌｎｓｔａｇｒａｍはのぞいてみて損はなし

このふたつについては、とりあえず私もアカウントを持ってはいますが、ほとんど投稿はしていません。たまに話題になった人の投稿をのぞいてみるていどです。

アカウントを作らなくても、著名人のものはほぼ読めます。たとえばトランプ大統領のＴｗｉｔｔｅｒ。毎日いったいどんなことをつぶやいているのか、興味があったらＧｏｏｇｌｅで「Ｔｗｉｔｔｅｒ　ｔｒｕｍｐ」と入力して検索すれば一番上に出てきますから、のぞいてみましょう。Ｆａｃｅｂｏｏｋは「読み手と書き手相互の了承」がないと「友だち」になれないのですが、ＴｗｉｔｔｅｒやＩｎｓｔａｇｒａｍは単に「フォロー」といって簡単に「読者になる」ことができます。別に相手の了承はいりません。「読者になりました」ということが相手に伝わるだけです。フォローをする（フォロワーになる）と、自分のページに、フォローした人の投稿がつぎつぎと流れてくるようになり、コメントを書きこむことができるようになります。ただ、フォローをするためには、とりあえず自分のアカウントを作る必要があります。こちらは、本名は不要、メールアドレスとパスワードを決めるだけでＯＫです。アドレスはもちろん非公開になります。自分自身はまったく書き込みをしなくても、好きな人、気になる人の投稿をフォローして読みたいという人はアカウントを作ったほうがいいと思います。

短い文章を入れるだけでネット環境さえあれば、誰でも見られる、というＴｗｉｔｔｅｒは、電話が届かない、人が現場に行けないといった災害の現場で、ＳＯＳ発信の手段、適切な救援手段の選択のためなどに大変な力を発揮しました。普及するにつれて負の側面もありますが、やはりいろいろな意味で「世界」を変えたサービスだと思います。

私はせいぜいＴｗｉｔｔｅｒの検索欄で「山手線遅れ」などと検索して、「今どのあたりの駅で何分くらい遅れているかな」などということを、投稿の中から探して状況を調べるくらいですが、利用の仕方によっては、もっと便利に使えるはずです。

なお、ひとつの投稿を「リツイート」することで、読んだ人がさらに他の人に伝えることもできます。この機能によって、ひとつのｔｗｅｅｔ（つぶやき）が「拡散される」という状況になるというわけ。

Twitter（ツイッター）

無料・Twitter, Inc.

トランプ大統領も使いまくる世界的サービス

別にTweet（つぶやく）するようなネタはない、という人も登録だけして、興味のある著名人の投稿をフォローするだけでなかなか楽しめる。登録しなくても読むことは可能。官公庁、企業の情報もかなり多いので便利に使えるものも。地域情報、災害情報、渋滞情報、電車遅延情報もフォローしておくとよい。

そして今、世界的に若い人たちの間に人気なのはＩｎｓｔａｇｒａｍというサービスです。「インスタ映え」という言葉はご存知でしょう。Ｉｎｓｔａｇｒａｍに投稿した時に映える、目立つ写真、という意味なのです。Ｔｗｉｔｔｅｒは当初文字だけを扱うもので、その後写真も動画も簡単に投稿できるようになっていたのですが、Ｉｎｓｔａｇｒａｍのほうは最初から写真を投稿するためのツールでした。そのため投稿が実にラクで、写真1枚、コメントもなしに撮ってすぐ投稿できるという手軽さがウケたようです。撮ったばかりの写真をモノクロに加工したり、明暗を変えたり、フィルターで色まで変えてしまったり、ということが非常に手軽にできます。これが「面白い！」ということになった。とにかくスマホのカメラ機能が素晴らしくなっているので、撮った写真を人に見せたくなるのはよくわかります。しかも「自撮り」（スマホの内側のレンズを使って自分の顔を撮ること）した写真を簡単に加工するアプリも山ほどあるそうです。女の子たちは、目を大きく、色白に、顔を小さく、鼻を高く……と、そんなにやったら誰だかわからないじゃないか、というくらいですが、こういう楽しみ方もできるのですね。これを彼女たちの用語で「盛る」と言うのだそうです。

Instagram（インスタグラム）

無料・Instagram,Inc

写真や動画を見ているだけで楽しいサーサービス

これもTwitter同様、投稿するネタなどなくても他人の写真を眺めているだけでもじゅうぶん楽しい。懐かしいミュージシャン、アーティスト、映画俳優の名前で検索すると公式のものがたくさん見つかる。ただTwitter、Instagramは「実名」が義務ではないのでややこしい「ニセモノ」もたくさんいるので注意。公式のものは、だいたいアカウントの横に青いチェックマーク（認証バッジ）がついている。

有名なミュージシャン、スポーツ選手たちも、こぞってＩｎｓｔａｇｒａｍに自らの素敵な写真をアップしています。マドンナやレディー・ガガ（前ページ）、クリスティアーノ・ロナウド、大谷翔平なんてキーワードで検索してＩｎｓｔａｇｒａｍを「見物」してみましょう。検索して眺めるだけならば、ＩｎｓｔａｇｒａｍもＴｗｉｔｔｅｒ同様、アカウントを作って登録する必要はまったくありません。

ＳＮＳ共通の「郵便受けアプリ」を作ってほしい！

コミュニケーションの手段は複数あったほうがいいことは当然です。対面、電話、手紙、メール、テレビ電話、さらにさまざまなアプリを使ったメッセージ。

しかし調子にのって（私のことですが）、目新しいアプリをむやみに使い始め、あっちのＳＮＳもこっちのＳＮＳも登録して放置しておいたりすると、少々めんどうなことになります。というのは、これまでなら、メールアプリを見れば、複数のメールアドレスがあったとしても、私宛のメールはすべて「受信箱」に入ります。

しかし、ＬＩＮＥ宛のメッセージはメールアプリでは読めません。またＦａｃｅｂｏｏｋにも、友だちに個人的に連絡するための「メッセージ」という機能があり、スマホもアプリもＦａｃｅｂｏｏｋのアプリとは別のものがあります。Ｔｗｉｔｔｅｒにも「ダイレクトメッセージ」という機能があり、Ｉｎｓｔａｇｒａｍにも同様のものがある。Ｓｋｙｐｅというサービスにもメッセージ機能があり、これに加えて、電話番号を使ういわゆるショートメッセージも届くことがあります。

要するに、いったいどこのアプリに誰からメッセージが来ているのか、うっかりすると気づかないことがあるのです。メッセージがあると「通知」がスマホの画面に出るようになっているのですが、普段使わないアプリだとそれもオフにしてしまっていることがあります。それにこの種のメッセージは毎日見に行くメールの受信箱とは違うので、一度読んであとで返事を出そうと思っているうちすぐに忘れ、結局もう何日もほったらかすという申し訳ないことになってしまうのです。

これは家に５つも６つも郵便受けがあるようなもので、毎朝全部のぞいてみないと手紙を見落としてしまう。

これ、なんとかならないものでしょうか？　メールアプリ同様に、「すべてのメッセージを受け取ってくれる郵便受けアプリ」のようなものを誰か作ってくれませんか？　もしできていたら、ぜひ教えてください。

第4章

定年後が楽しくなるアプリとサービス

旅行アプリは予約より「口コミ」が役に立つ

国内旅行や海外旅行はリタイア後の大きな楽しみのひとつです。ご夫婦で、時にはゴルフ仲間と出かけたり、同級生同士の旅行も楽しいでしょう。

会社勤めの頃は、出張の手配などほとんど自分でやらなかった、なんていう人も多いかもしれませんが、これからは全部自分で、ご夫婦で相談しながら計画を立てたり、行先を探すという楽しみがあります。

ガイドブックも役に立ちますし、ひとつの町の「概要」をざっとビジュアルで見るには最適です。いくらネットやスマホがあっても、旅のガイドブックを見る楽しみというのは、やはり捨てがたい。本屋さんの店先には、旅のガイドがこれでもかというほど並んでいます。やっぱり「旅行前に1冊は買おう」という人は多いのでしょうね。

けれど、それに加えて、やっぱり本当に最新の情報も知りたいと思いませんか？　やはり紙のガイドブックというのは、手間ひまかけた取材のおかげで信頼性も高く、とんでもなくヘンな店などは出ていない、という安心感はありますが、時間をかけて多くの人が平均的に「良い」と認めるものをセレクトして載せているぶん、情報が少し古くなります。マイナーな場所の情報が少ないということもある。

また、ホテルや店の紹介が載っていたとしても、基本的な情報だけで、実際に利用した人の「感想」を知ることはできません。

こういう時にこそ、インターネットの情報が便利です。ホテルや飲食店は、予約前にいろいろな「口コミ」を見ておいたほうが、絶対にいい。

いろいろなサイトがありますが、一般的には、旅行関連だと「TripAdviser（トリップアドバイザー）」というサイト。専用のアプリもありますからスマホに入れておくといいと思います。

ここから安いホテルや航空券を探して予約することもできるのですが、それよりも、ガイドブックで目星をつけたホテルの「口コミ」を読むのがおすすめです。

ためしに、あなたが実際に泊まったことのあるホテルを検索して、何が書き込まれているかを見てみると面白いです。あなた自身は「最高」と思ったホテルでも、部屋によっては不満を感じた人がいたり、意外なところをほめていたり、ケナしていたり。口コミを見て初めて「へえ、あのホテルにはそんなレストランがあったのか」なんてことに気づくこともあります。有名なホテルになると口コミの数はかなり多く、とても全部読み切れるものではありませんし、まったく役に立たないものもあります。それでも、初めてのホテルに泊まるなら、見ておいて損はありません。「別館はやめたほうがいい」とか「3階以上にしないと前のビルがジャマで景色が最悪」といったことも、口コミを見ないとなかなかわかりませんから。一応知っておけば、予約時に指定することもできます。

最近は海外の旅行者が日本のホテルや店、観光名所の「評判」をＴｒｉｐＡｄｖｉｓｅｒで調べることが非常に多く、その評判のおかげで日本人さえ知らないような場所に、海外からの旅行者がたくさん訪れるという「現象」もよく話題になります。日本人から見れば当たり前の場所が、外国人から見ると非常に新鮮に見える場合も多いのでしょうね。

通常は日本語の書き込みだけが表示されますが、設定を「英語」など他の言語に変更すると海外の評判も読めます。ちょっとのぞいてみるのもおすすめです。パソコンからだと、コメント欄の下に「Ｇｏｏｇｌｅ翻訳」というボタンが出るようになっているの

TripAdvisor（トリップアドバイザー）

無料・TripAdvisor LLC

航空券・ホテル・レストランの予約から観光名所まで

見ているだけで楽しめるアプリ。航空券、ツアー、ホテルも多くの予約サイトがあるが、日程を指定して安い順に並べ、その後、外部のサイトで予約できる。「空室」もわかるので便利。実際に予約はしなくても、ホテルの口コミは必見。外国人の利用者が非常に多く、ほとんどの来日観光客はこのサイトを見ていると思ってまちがいなし。上の画面はパソコンのブラウザで見た場合のもの。

で、日本語でOK。翻訳が不正確なこともありますが、こうした口コミをざっと読むにはじゅうぶんです。

ホテルや航空券の予約サイト、価格の比較サイトはほかにもたくさんあって、使いこなしている人も多いと思いますが、私はあまり利用していません。口コミを読んだり値段をざっと比較したりはするものの、実際の予約は、おなじみの旅行代理店に頼んでしまっています。

私は早とちりをすることも多いので、うっかり日程や時間の入力を間違えると嫌だなあ、と思うからです。これ、私だけではないですよね？

それと、ネットからの予約だと部屋のタイプを指定しにくいとか、あとから変更しにくい、ということもよくあるからです。3階以上の「シティービュー」の部屋にしてほしい、というような希望に応えてくれるかどうか、ということを確認するのも少々めんどうです。提供されている部屋の情報だけ見ると、ほとんど同じようなことしか書かれておらず、はっきり比較できるのはせいぜい「広さ」くらい。たとえば「その部屋は何階なの？　指定はできるの？」といったことがわかりにくいのなんの。「指定できない」から安い、ということもあるはずです。

一晩寝られればどこでもいい、安さ最優先！　という場合はいいのですが、夫婦でゆっくり旅をしようという私たちの世代にはやはりホテルの居心地や、窓からの眺望はとても重要です。

食べログの「口コミ」も初めての店に行く時は一応チェック

飲食店の口コミで有名なのは、おなじみの「食べログ」。

これも、パソコンのブラウザ、スマホアプリ、どちらからでも使えます。近所で中華料理が食べたいとか、待ち合わせをする駅のそばで飲食店を探したい、という場合にはとても便利だし、店の場所や、営業時間、メニューなどをあらかじめ見ることもできます。店によってはそのまま画面からの予約も可能です。

とはいえ、予約は私も電話がほとんど。このサイトで私が利用するのはもっぱら「口コミ」のほうです。食べログは、ほとんどプロのような「グルメ」の方が、ひとりで何百

食べログ

無料・Kakaku.com,Inc.

「グルメレビュアー」のたまり場！

初めての店に行くなら一応「読んでおく」のが正解。会合、宴会の会場を探す幹事さんには必須のアプリかも。「◯◯駅のそばで、貸し切り可能で、飲み放題があるイタリアンでひとり4000円くらい」といった検索ができる。最大の特徴はやはり大量の「口コミ」。うるさ型のグルメの口コミは、ちょっとうっとうしいものもあるが、そのへんはスルーで。

件ものレビューを書いていたりもします。「この人の評価はあてになる」「趣味が合うな」というレビュアーがいたら、その人が推薦する店をあちこち見てみる、ということもできますが私はそこまで一生懸命には読んでいません。皆さんが撮って投稿した料理の写真とか、店内の様子に、ざっと目を通すだけ。店の雰囲気や味の好みというのは人ぞれぞれですから、最終的には自分で判断するしかないのですが、初めての店に行く前には、一応見ることが多いです。もちろん場所や営業時間の確認には必須。

トリップアドバイザーや食べログは、無料で登録すれば、自分で口コミを書き込んだりすることもできますが、よほど食べ歩きが趣味のグルメ氏ならともかく、普通の食いしん坊には見るだけでじゅうぶんでしょう。

とりあえずAmazonだけは使ってみよう

このサイトを知らない人はいないでしょう。私もしょっちゅうお世話になっています。本を買うだけではなく、洗剤やトイレブラシなんていう日用品も買います。この前はゴルフバッグの留め金が壊れたので、あれこれ探してＡｍａｚｏｎで購入し、自分で直しました。

買い物サイトといえば、Ａｍａｚｏｎ以外では楽天が最大手ですが、私はＡｍａｚｏｎのほうが気に入っています。こんな書き方をすると三木谷社長にはトリンプ時代とてもお世話になったのでたいへん申し訳ないのですが。そう言えば、その昔、楽天市場のことを楽天「しじょう」と言って、「いちばです」と三木谷さんに直されたこともありました。失礼の連続ですね。

楽天はネット上の「ショッピングモール」です。そのため、ショップによってサイトのビジュアルがそれぞれ違います。同じ商品をあちこちの店で扱っているのは、Ａｍａｚｏｎも同じですが、まったく同じデザインで比較できる。同じ写真に対して「こちらからも買えます」というリストが出るだけですから、単に値段と在庫だけで比較できるので、非常にシンプルです。

それが気に入っているので、探している商品が見つかった時はほぼＡｍａｚｏｎで買っています。

しょっちゅう使う人は、年会費3900円（または月会費400円）でプライム会員になると、個別の送料が無料になり、商品によっては配送が早くなります（プライム対象商品）。私はよく利用するのでプライム会員になっていますが、月に数回使う人なら、じゅうぶん元がとれると思います。

それに、プライム会員になっていると「おまけ特典」（？）として、映画やドラマなどがかなりの数、無料で見られたり、音楽がタダで聞けるサービスがついてきます。プライム会員になっているのに、動画や音楽の無料サービスを使っていない人は、かなり損していると思います。

スマホやパソコンで映画を見てもつまらないと思うかもしれませんが、いえいえ、最近はごくごく簡単に、自宅にあるテレビで見られるようになっているのです。これは別の項でちょっとご説明します。

おおむね満足はしていますが、Ａｍａｚｏｎについてちょっと文句があるのは「配送方法」。とにかく、段ボールがムダに大きい！　ヘタをするとうんと小さなパソコンの部品を買っただけで、30センチ以上もあるような段ボールの底に、商品がペタリと貼り付けられて届いたりする。同じ大きさの段ボールを使ったほうが効率がいいということのようですが、ほんとにムダな気がします。

また、小さな日用品を複数購入し「まとめて配送」にしたつもりなのに、なぜか午前中に洗剤が届き、午後に別の業者からタオルが届き、翌日パソコンの部品と本が届く、というようなことがよくある。「まとめて発送」はよく見ると「できる限り商品をまとめて発送」と書いてあるのですが「できる限り」では意味がない。在庫がある倉庫が違うなどいろいろ理由はあるのでしょうが、そんなこと、こっちには関係ありません。このあたりはもう少し当たり前の感覚で「まとめて頼んだらまとめて届く」が当然になってほしいなと思います。

と、使ってみればいろいろ改善してほしいところはあるものの、やっぱり「ないと困る」のがＡｍａｚｏｎです。

なお、私は本についても、買う前に一応「レビュー」をざっと読みます。妙に悪意のあるレビューなどもありますが、そんな人ばかりではないので、特に実用書については「どのへんが役に立った」「これが書いてないのであまり意味がなかった」といったこと

Amazonショッピングアプリ

無料・AMZN Mobile LLC

やっぱり「とりあえず」入れておきたい王者のサービス

もともとはネット書店だがいまや扱っていないものはない、というくらいに商品の幅が広がっている。楽天と併用する人が多いが、アマゾンはどんな商品もページのフォーマットが同じなので利用しやすい。アカウントを登録しておくと、電子書籍、音楽、映画などのサービスが同じメールアドレスとパスワードで利用できる。よく使う人は「プライム会員」に登録を。年間3900円だがアマゾンが発送するものは送料無料、「当日お急ぎ便」の指定ほか、音楽・動画見放題など数多くの特典がある。

が、けっこう参考になります。まったく参考にならないこともあるけれど、ダメもとでざっと読んでみるといいでしょう。

文芸書については、感想・批評の個人差が大きすぎるので、趣味の合う友人や、書評家の文章を読む、自らの趣味を信じるほうがいいと思いますが。

なおＡｍａｚｏｎだと、マーケットプレイスといって、個人や古書店が出品している「古書」も同時に表示されるので、多少傷んでいても安いほうがいい、という場合はそちらで買いましょうね。絶版の本でも古書なら見つかることがよくあります。それほど古い本ではないのに「１円」（送料は別）で売られていることもしばしばあります。

地図アプリで「現在地」と「自分の向き」もわかる

スマホの地図アプリも、私には欠かせないツールのひとつになっています。車にはカーナビもつけていますが、最近のアプリはほとんどのカーナビと違って、情報がどんどんアップデートされますし、その性能もびっくりするほど。ただ、ｉＰｈｏｎｅで「音声ナビゲーション」などをずっと続けているとバッテリーがどんどん減るので、長時間の利用の際はシガレットソケットからUSBでスマホを充電できるようにしておかないといけません。ソケットに差せる小さな充電器は1000円以下で買えます。USBが2口あるものにしておけば、2台同時に充電も可！

もちろん、電車や徒歩で移動する時にも、地図アプリは実に便利。地図アプリは複数ありますが、やはりイチオシはGoogleマップです。

ただ私が地図を見ながらもちょっと困るのが、地下鉄の出口を出た時など。出口から地上に出てきたのはいいのですが、GPSのコンパスが動かずこのあとどちらの方向に進めばいいのかよくわからないことがあります。方向音痴ではないのですが、地下鉄の出口で、方向を確認するために地図を表示したiPhoneをぐるぐる回さないといけないことがあります。ああ、恥ずかしい。地下鉄の出口に限らず、周りが同じようなビルばかりの交差点に出てくると、自分がどっちを向いて立っているのか、どっちに進んでいるのか、がけっこうわからなくなるものです（私だけではないと思うのですが……）。かつて『話を聞かない男、地図が読めない女』という本がベストセラーになりま

Waaaaay!（うぇーい！）

無料・Houchimin LLC

「方向音痴の神」と称賛される矢印アプリ

とにかくシンプルで、「矢印」と「距離」しか画面に出ない潔さ。道に迷った時に知りたいことは「どっちのほう？　まだ遠いの？」だけなのだが、このふたつにのみ答えてくれるのがこのアプリ。お見事。

Googleマップ-乗り換え＆グルメ

無料・Google,Inc.

現在地の近所の店探しから道案内まで引き受けてくれる

iPhoneを買うとすでに入っている「マップ」という地図アプリはアップル社のもの。もちろん普通には使えるのだが、どうも表示などがイマイチ。ちょっと田舎に行くと、あるはずのものが何にも表示されていなかったりしたのだ。現在、絶賛リニューアル中なのでそれに期待だが、日本は後回しの模様。Googleマップはぜひ併用を。切り替えると航空写真にもなり、さらにストリートビューといって、歩いている視点から見た映像が見られるのは非常に楽しい。この機能はパソコンから使うほうがおすすめ。知らない町を散歩している感覚はすばらしい！

したが、「地図が読めないオジサン」もいるはず。

そんなことを知り合いに話していたら、とても面白いアプリを教えてくれました。「Waaaaay！（うぇーい！）」という、楽しい名前のアプリで、他のアプリ同様iPhone用もAndroid用もありました。「どんな方向音痴でも99％迷わない」というのが売りだそうです。さっそくダウンロードしてみると、実にシンプル。目的地までの「距離」と「方向」だけが表示されるのです。要するに、「目的地はあっちのほう！直線距離で500メートル」というだけのアプリ。「道順」も「目印」も関係なしに、ひたすら手元の矢印は目的地の方向を指している「だけ」です。その方向に進んでいくとちゃんと距離が短くなっていくのがとても心強い。普通の地図アプリで近所まで来たら、あとはこれだけ見ていれば、絶対に「反対の方角に歩きつづけていた」ということにはなりません。

先日広島に行ってホテルの窓から原爆ドームはどこかなと思って、このアプリを開いてみたらちゃんと遠くに見つけることができました。

われこそは方向音痴、という方はぜひ試してみてください。これももちろん無料です。

使ったことがまだないのですが「待ち合わせモード」というのもあるそうです。花見などの人混みで仲間と落ち合う時にとても便利だそうです。お互いのスマホ画面に、相手がいる方向と、お互いの距離が出る仕組みのようですよ。

道案内アプリはいろいろあって、行先だけ指定して出発点は「現在地」とすれば、今から間に合う電車の時間も、駅についてからの道案内もしてくれます。アプリによっては音声でガイドもしてくれるし。Ｇｏｏｇｌｅマップも自分の「向き」を示してくれますが、表示がなんとなくもたもたしている感じで、気の短い私はすぐにｉＰｈｏｎｅのぐるぐる回しをしてしまうのです。「Ｗａａａｙ！」の単純さとスピードは、素晴らしいアイデアだと思います。

そのほか、旅行で役に立ちそうなのは、ガイドブックと連動した地図です。旺文社のガイドブック「まっぷる」は、ガイドブックを買うと、中に二次元バーコードがついていて、専用アプリ「まっぷるリンク」でこれを読み込むとインターネットからガイドブック丸ごと、さらに地図がダウンロードできるのですが、この地図はガイドブックに載っている地図と同じものです。知らない土地で困るのは、やはり「ここ、どこ？」ということ。ガイドブックの親切なイラスト入り地図を広げても、わかりやすい目印などがあればいいのですが、海外ではどれが銀行なのか病院なのかもわからないことがあります。そういう時、こういうデジタルの地図をスマホやタブレットに入れて持っていると「現在地」が表示されるので実に便利です。

スマホは、GPS、周囲のWi-Fi、携帯電話の基地局などを利用して「位置」を取得します。これはオフライン（ネットに接続できない、通話ができない状態）でも利用可能な機能です。海外で使う場合はスマホを「機内モード」にして、「Wi-Fi」だけをオンにするのが一番安全。うっかりローミングサービスに接続してしまうと通信費が高額になることがあるからです。

読書好きなら目が疲れにくいKindleの専用端末を買おう

リタイアしたら思う存分本が読めるのも楽しみのひとつ。もちろん紙の本を本屋さんで買うのもよし、図書館から借りまくるのもいいですね。

ですが、電子書籍というこれまた非常に便利なものが最近は手軽に読めるようになりました。

本はやっぱり紙だ！　本は手元に置きたい！　という人は多いでしょうが、そう頑なになることはありません。好きな本は紙で買って手元に置き、読み捨てに近くなりそうなものは電子書籍にすればいいのです。

旅行先に本を持っていきたいという時には本当におすすめです。

電子書籍は、パソコンやスマホのアプリまたはブラウザから購入して、専用アプリで読むことができます。ｉＰａｄなど画面が大きいタブレットだととても快適。

さらに専用端末も非常に優秀です。Ａｍａｚｏｎが用意しているKｉｎｄｌｅの専用ビューアは、保存容量などによっていくつかタイプがありますが、一番安いもので６０００円程度。モノクロ表示ですが、スマホの画面で見るよりもずっと紙に近く、目も疲れず読めますし、１６０ｇと軽くて、バッテリーがとにかくもちます。朝から晩まで読んでいてもだいじょうぶ。文字を大きくすることもできる。１日１時間くらいなら、１週間は充電しなくてだいじょうぶ。一番安いタイプでも、４ＧＢありますから、モノクロの普通の本なら1000冊くらい軽く入ります。

なかなか魅力的だと思いませんか？　これだけの本が160gの端末に入って、どこにでも持っていけるのですから。

私自身は、Kindleの専用端末も持っていますが、だいたいいつも使う頻度が高いiPadで読みます。

Kindleだと、アプリを入れておけばiPhoneにも、iPadにも、Kindleの専用端末、さらにパソコンにも同じ本をダウンロードできるので、途中までiPadで読み、続きはiPhoneで読む、というようなことも可能です。ちゃんと自動的に「どこまで読んだか」も同期してくれるので、どの端末でも「すぐ、続きが読める」状態になっています。

Kindleで読める「青空文庫」もすばらしいものです。著作権の切れた名作を多くのボランティアがテキストデータ化して、電子書籍にしてくれた「電子書籍図書館」で、すべてが無料。現在1万5000冊近くの本が登録されており、森鷗外、夏目漱石、

Kindle（キンドル）

無料・AMZN Mobile LLC

数千冊の本をいつでも持ち歩けるありがたさ

大量に読むなら専用端末だが、それほどでもなければスマホやタブレットのアプリだけでじゅうぶん。文字を拡大したり、明るさを調節できるので、老眼世代には紙よりラクという人も少なくない。活字中毒の人は何をおいても利用を！

芥川龍之介などの作品はほぼ全部読めます。

新刊も最近は発売と同時に電子版がリリースされるようになりました。Ａｍａｚｏｎを利用する人は気づいていると思いますが、Ｋｉｎｄｌｅ版と書いてあるのがそれです。

電子版は紙より安く手に入り、ものによっては無料。紙の本と違い、「バーゲセール」もしています。

月額４００円で雑誌が２００冊も読めるｄマガジン

もうひとつ、私が絶対のおすすめ、と思うサービスがあります。ｄマガジンというサービス。これは、ＮＴＴｄｏｃｏｍｏが提供しているものですが、別にｄｏｃｏｍｏを使っていない人でも利用できます。

これは「雑誌」を読むためのサービスです。月額４００円で２００冊以上の雑誌が「読み放題」となるものです。「週刊文春」「週刊新潮」などの週刊誌１冊ぶんのお金で２００冊読めるのですから、よく雑誌を買う人にとって利用しない手はないと思います。

ただ雑誌によって、読めない記事、表示されない写真（一部の芸能人の写真など）もあるのですが、私が使ってる範囲で困ることはまったくありません。

やはりちょっと読みたくなるのは「週刊文春」「週刊新潮」あたりですが、ほかに「ニューズウィーク」「アエラ」「日経トレンディ」「ターザン」「ペン」「ブルータス」「サライ」「週刊東洋経済」「週刊ダイヤモンド」「プレジデント」あたりも網羅されているし、「きょうの料理」「きょうの健康」などNHKのテキスト、料理雑誌、ファッション誌、アウトドア誌などがどっさり読めます。

全部読み切ることなど不可能ですが、ニュースで話題になっていた記事だけちょっと読みたい、中吊りで見かけた特集だけ読みたい、あのコラムだけ読みたい、というようなことは誰でもあるでしょう。まさに「立ち読み」の感覚であちこちの雑誌を読みまくれます。

また、普段なら絶対に買いそうもない雑誌を知る楽しみもあります。

たとえば晋遊舎という出版社の「家電批評」という月刊誌がありますが、私はdマガジンで初めて読みました。毎号の特集は「Ｗｉ-Ｆｉはまだまだ速くなる！」「ｉＰａ dは今が一番面白い」「Amazonベストセラー辛口超ランキング」といった感じ。全ページ読むわけではないのですが、なかなか役に立つ記事がいろいろ見つかりました。雑誌の切り抜きのように、そのページだけを「クリッピング」して、保存しておくこともできるので、これまた便利。

料理好きな人だったら、気に入ったレシピのページだけ、複数の料理雑誌で見つけて保存しておくとよさそうです。

雑誌は、発売後数カ月は読めるようになっているようで、「週刊文春」の場合は、約4ヶ月ぶんのバックナンバーが読めます。

パソコン、タブレット、スマホ、どれでもだいじょうぶ。3つの端末から読んでも同じ金額です。

一番おすすめなのはiPadなどのタブレットで読むことです。もちろんカラーで楽しめるし、「字が小さい！」と思ったら、拡大すればいいのですから、ホント私たちの世代にぴったりです。iPadをタテにすると1ページぶん、ヨコにすると見開き2ページぶんが表示されます。

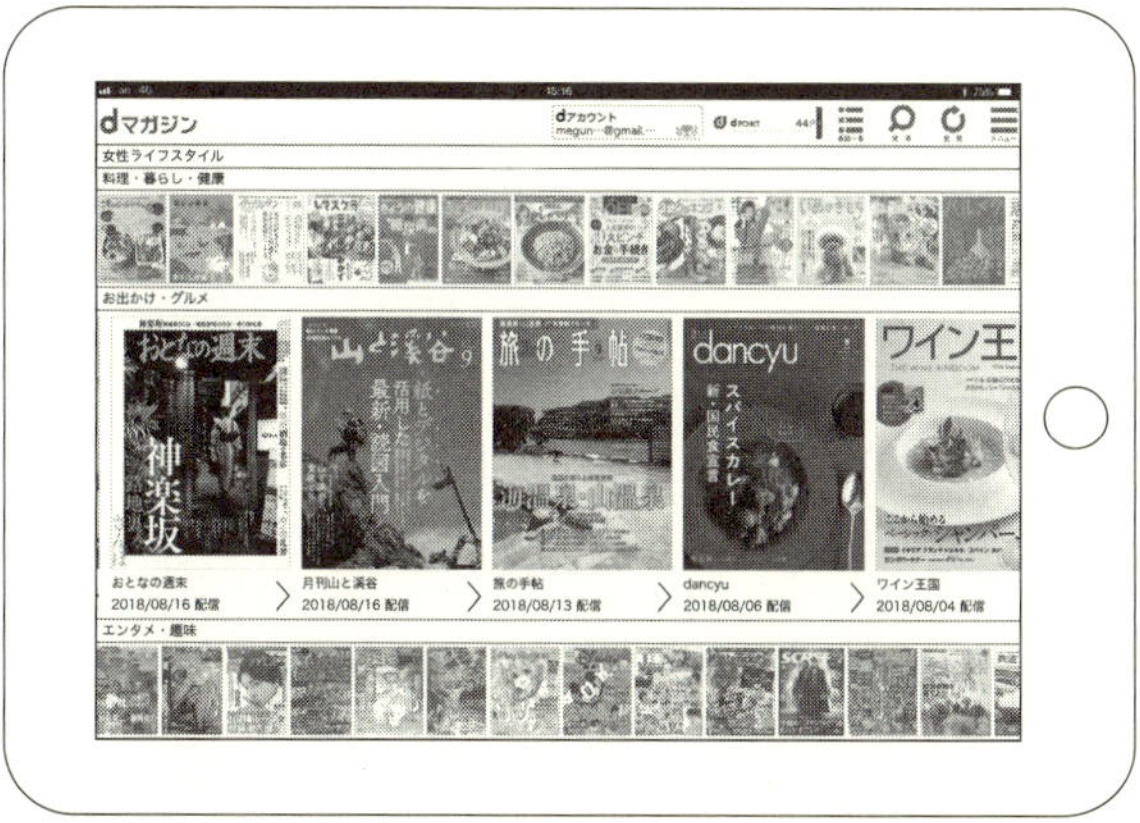

dマガジン

無料・株式会社NTT DOCOMO

週刊誌１冊ぶんの料金で
200冊の雑誌を立ち読み感覚で

電車の中吊りで「あ、この記事だけ読みたい」と思った時、テレビで話題のスクープを「その写真だけ見たい」という場合、これまでの対策は「立ち読み」のみ。さすがにいい年してコンビニで立ち読みはできない、というジレンマを一気に解消するアプリ。月額400円の利用料はかかるが、じゅうぶん元はとれる。普段まったく読む機会のない雑誌を眺めるのは楽しいものだ。料理、旅、車、パソコンなど専門誌も多い。iPadなどのタブレット端末（上の画面）がもっとも読みやすい。さすがにスマホだとちょっと画面が小さすぎて、いくら拡大できるとはいえ、もの足りない。パソコンでも利用可能。

これはパソコンもスマホも持たず、「タブレットだけ」しか持っていない人でも楽しめるサービスです。

このサービスを知ってから、私はほとんど雑誌を買わなくなりました。どうしても手元に置いておきたい、というものなら買いますが、正直それほどのものはめったにありません。

みんながこんなに雑誌を買わなくなって、出版社はだいじょうぶなのだろうか、と心配になりますが、ｄマガジンなどで雑誌を読んだ場合も、閲覧したページ数などに応じて、出版社にもお金が入るようになっていて、いまや、こうした収入が出版社の収入の中でも大きくなりつつあるそうです。

日経新聞なんかもうとらない！

「日経新聞」はもう電子版しか読んでいません。けれどこれがなかなか高い。そもそも宅配版の日経新聞は朝夕刊で月額４９００円、電子版とセットにすると５９００円。では、電子版だけなら１０００円でいいのかな、と思うとそれが大間違いで４２００円もするのです。

その点、産経新聞は非常にえらかった！　ｉＰａｄ用のアプリをダウンロードすれば、紙面が無料で全部読めたのです。ただ、これも過去形。ある日アプリをアップデートしました、というお知らせが来て、産経新聞のアプリは「産経プラス」というものになりました。夕刊フジ、サンケイスポーツのニュースも読めるようになったというのですが、産経新聞全ページの「紙面」をスマホ画面で見ることはできなくなり、ピックアップされたニュースが他のニュースサイトと同じように横書きで並んでいます。無料ですから、一応、ダウンロードして使ってはいますが、やはり以前の無料サービスが懐かしいです。

現在「産経新聞」をスマホやパソコンで紙面まるごと読もうとすると、産経電子版を使わなくてはならず、こちらは月額８００円、サンケイスポーツ２０００円、夕刊フジは１０００円です。日経新聞よりははるかに安いのですが、無料だったものが８００円になるとやはりガッカリしてしまいますね。考えてみれば、そもそも無料というのには無理があったのだろうな、とは思いながらも。

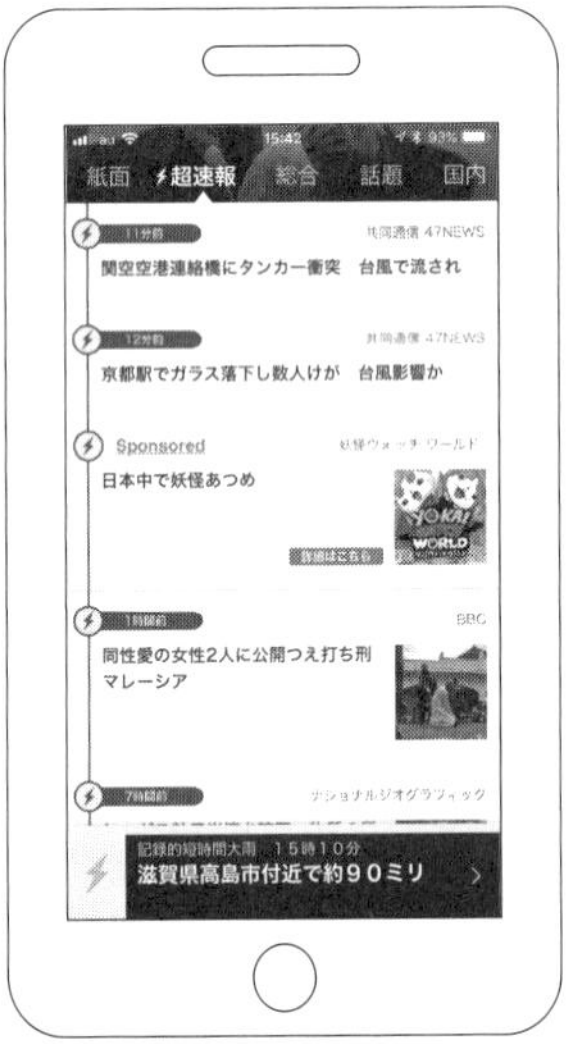

産経プラス

無料・株式会社産経デジタル

「紙面」が無料で読めなくなったのがちょっと残念

産経新聞、夕刊フジ、サンケイスポーツが統合したサービス。残念ながら以前のように「紙面」のまま無料で読むことはできないが、情報量は多い。「速報」の通知をONにしておくと、1日に10回はスマホの画面にニュース速報が表示される。うるさければ、オフにしましょう。

NewsPicks（ニューズピックス）

無料・UZABASE,Inc

経済ニュースに特化したニュースサービス

SNS型のニュースサイト。運営側がさまざまなニュースサイトから「セレクト」して分類したものを新しい順にアップしている。最大の特徴は、有識者・専門家がその記事に対して自分の意見をコメントしていること。登録すれば別に有識者ではなくても誰でもコメントができる。月1400円の有料版登録をすると、オリジナル記事が読み放題(一部英語版に制限あり)、ウォール・ストリート・ジャーナル読み放題、といった特典つき（PC版は1500円)。著者はウォール・ストリート・ジャーナル読みたさに加入。コメントは読んでも読まなくても可。

もちろん日経新聞以外にも、あちこちの媒体のニュースをまとめて読める無料サイト、無料アプリはたくさんありますが、ＹＡＨＯＯ！ニュースはやはり速報向きですし、スマートニュースもいいけれど経済、政治、金融、といった分野よりもエンタメ系、スポーツ、グルメといった情報が多いぶん、私にはちょっと読みにくい。

今のところ、日経電子版と併用ですが、気に入っているのは「ＮｅｗｓＰｉｃｋｓ」というサービスです。ｉＰｈｏｎｅやスマホにこのアプリを入れておくと、主に経済ニュースを中心として、さまざまな媒体のニュースが読めます。さらに、有識者を含むコメンテーターや一般の利用者のそのニュースに対する書き込みが加えられている、というもの。コメントほうは玉石混交なので読んでも読まなくてもいいのですが、主要ニュースはだいたいここで読めるし、オリジナルの記事もけっこう充実しています。有料オプションを選択して月額１４００円のプレミアムプランにすると、読める記事がかなり増え、何より私にとってうれしかったのは、ウォール・ストリート・ジャーナルの日本版・英語版の記事が読めること。ウォール・ストリート・ジャーナルの電子版を単独で読もうとすると、月額１４５０円なのです。私は有料購読していたのですがさっそく解約しました。

自宅のテレビで映画を見放題状態にする

テレビを見る若い人が減ってきているそうです。もっともな話です。スマホでＹｏｕＴｕｂｅなどの動画を探して見たほうがずっと面白い、映画もスポーツも動画配信サービスで好きな時に見られる、ライブ配信だっていくらでもあるからです。もう、ひとつの番組を家族全員が集まって同じ時間に「お茶の間で」見るという楽しみ方をする人は減ってきたということでしょう。

私は、日本の自宅ではスカパー！に入っていたのですが、Ｎｅｔｆｌｉｘ（ネットフリックス）という動画配信サービスがあればじゅうぶんなので、もう解約してしまいました。

ＮｅｔｆｌｉｘというのはＨｕｌｕ（フールー）などと同様、映画、ドラマ、ニュースなどが月額１０００円程度で見放題というサービスです。さらに、Ａｍａｚｏｎプライム・ビデオというサービスもあります。どれにするか、というのはちょっと迷うところでしょう。映画や海外ドラマなどは、ラインナップにさほど差がないように思います。日本のＴＶ番組はどこもほとんど期待できません。Ｈｕｌｕは日本テレビが株主になっているので、多少日本テレビ系で放映されたものが見られますがごく一部。どうしても「日本のテレビ番組」をネットで見たいという人は、ＴＶｅｒ（ティーバー）というアプリまたはサイト経由であるていど見ることができるようですが、私はぜんぜん利用していません。

動画配信サービスは、パソコンまたはスマホ、タブレットの画面で見ることができますが、やはり自宅で見る時はテレビの画面で見たい、という人は多いでしょう。

いろいろな方法があるのですが、私がおすすめしたいのは、ＦｉｒｅＴＶスティックというものです。Ａｍａｚｏｎでよく買い物をする人、特にＡｍａｚｏｎのプライム会員になっている人には絶対のおすすめです。ＦｉｒｅＴＶスティックを購入するだけで、すぐにＡｍａｚｏｎプライム・ビデオの動画がテレビで見られるのです！　プライム会員ではない場合は、月額４００円ですが、同じサービスが使えます。１年でプライム会員の会費と同じ金額になってしまうので、長く使いたい場合はプライムの会員になったほうがお得です。Ａｍａｚｏｎの配送費がそれで無料になるわけですから。

必要なものは、Ａｍａｚｏｎで売っている４９８０円と８９８０円のＦｉｒｅＴＶスティック。高いほうは、作品によって高画質が選択でき、またリモコンが音声入力に対応しているので、音声で映画名やドラマ名を検索できます。

ＦｉｒｅＴＶスティックはＡｍａｚｏｎのアカウントが登録された状態で届くので、自宅のテレビのＨＤＭＩ端子に差し、Ｗｉ-Ｆｉに接続すれば、アプリ不要ですぐ使えます。プライム会員なら無料で２万６０００本（２０１８年７月現在）以上の作品が見られる。

プライム・ビデオを見る以外にも、好きなアプリがダウンロードできます。たとえば私が使っているＮｅｔｆｌｉｘ用のアプリ、Ｈｕｌｕ用のアプリ、さらにＹｏｕＴｕｂｅ用のアプリ、ほかにもテレビ画面で遊べるゲームアプリもあるようです。さらにうれしいことにＢＢＣ ＮＥＷＳのアプリもありました。

自宅のテレビ＋Ａｍａｚｏｎのアカウント＋ＦｉｒｅＴＶスティック＋Ｎｅｔｆｌｉ

Hulu（フールー）

無料・HJ Holdings,Inc.

日本テレビの出資によって国内のテレビ番組も多い

国内向けのサービスだが、そのぶん見逃した日本のTV番組を見られたりする特徴もある。かつてはレンタルショップで借りるか、DVDを買うしかなかった「24」「プリズン・ブレイク」などの大ヒット海外ドラマをいつでも好きな時にまとめて見られるし、準新作レベルの映画も月額933円の範囲でいくらでも見られる。Netflixも同様だが、国内作品が多く見たい人にはこちらがおすすめ。映画は作品によるが吹替版も数多く用意されている。

Netflix（ネットフリックス）

無料・Netflix,Inc.

オリジナル作品が魅力的なグローバルサービス

洋画、海外ドラマの内容はHuluと大きく変わらないが、吹替版は少なく、日本のテレビ番組も少ない。しかしオリジナル制作作品や独占配信の作品が多いので、「これをどうしても見たい」というような場合は他の動画サービスと配信作品を比較してから選ぶといい。「ハウス・オブ・カード 野望の階段」見たさに、すでにHuluに契約している友人は「お試し期間」を利用し、無料期間の1カ月で全シリーズを見られる限り見たそうです（上はパソコンで表示した画面）。

Amazon Prime video
(アマゾンプライム・ビデオ)

無料・AMZN　Mobile LLC

プライム会員なら使わないとすごく損!

年額3900円のプライム会員になっていながら使っていない人も多いのがコレ。Amazonが用意している動画サービスのかなりの部分が、追加料金なしで見られる。Fire TVスティック（4980円〜）などを使うと、自宅のテレビで見られる。なおFire TVスティックがあると、HuluやNetflixほかさまざまな動画サービスもテレビ画面で見ることもできるようになるので楽しい（Huluほかの利用料金は別途必要）。

xなどのアプリという組み合わせがあれば、もはやケーブルテレビなんか見ている時間はなくなってしまいます。

FireTVスティック以外にも、アップルのAppleTV（1万5800円〜2万1800円）、googleのChromecast（クロームキャスト・4000円前後）などがあり、いずれも、「テレビ画面」で動画配信サービスを利用するために便利なツールです。Chromecastは、スマホやパソコンの画面で、まず動画を受信し、それをテレビに「飛ばす」（ミラーリング）という方法を使います。

【動画配信サービスの月額料金】

Hulu　933円

Netflix　800円〜

U-next　1990円（雑誌含む）※NHKオンデマンドは別途契約で視聴可

dTV　500円〜

見られる番組の数、内容はそれぞれ違いますので、まずパソコンかスマホで、「無料視聴」を試して、どのサービスにするかを検討してから、ＦｉｒｅＴＶスティックを使うか、別のものにすべきかなどを決めるといいと思います。もし、すでに自宅にＡｐｐｌｅ ＴＶが別の用途で設置されていたら（パソコンの画面をテレビに映す、パソコンやｉＰｈｏｎｅの音楽をテレビのスピーカーから流すなど）、動画サービスも試してみてはどうでしょう。

動画配信サービスにはたいてい「無料期間」や「お試し期間」のサービスが用意されているので、しばらく試してみるのもいいと思います。

ただし、無料期間でも、登録時にクレジットカードの番号入力などを求められて、無料期間が終わると「自動的に」課金されるようになるので、気に入らなかったら忘れずに「解約」すること。

ニュース配信サイト、動画サイトなどにはこのパターンが多いので、気をつけないとぜんぜん使っていないサービスに月額料金を払い続けているようなことになります。私も時々解約忘れがないかどうか、チェックしています。

Netflixの無料体験登録画面

おそらく近い将来、現在の形の「テレビ受像機」は不要になるはずです。自宅に必要なのは、録画機能やブルーレイの再生機能がついたテレビジョンではなく、単なる「大きなモニタ」だけになるでしょう。放送局がすぐになくなることはないでしょうが、その役割は大きく変わっていくと思います。

スマホで受信して大画面モニタで見る、あるいは直接ネットにつながったモニタで生中継や、アーカイブの番組を見る、ということがもはや当たり前になってきました。もちろんやっぱりテレビが好き、という人もいます。けれども、すでに「家にはテレビはいらない、モニタだけあればいい」という選択肢があるのです。

私も、そろそろテレビを捨てて、薄くてうんと大きい4Kのモニタだけにしてしまおうと画策しています。

妻に「どうしても見たい番組って何?」と聞いてみたら「BBCとCNNくらいかな」と言います。これはどちらも今まではケーブルテレビ(日本の場合はスカパー!)で見ていたのですが、「テレビを使わずに見る方法」を調べてみると、BBCはFireTVスティックにアプリがあります。CNNはiPhoneのアプリがあり、テレビサービス・プロバイダを選び、パスワードを入れなければならないので少しめんどうですが、それほど頻繁に見るわけではないので、BBCだけでもじゅうぶんかもしれません。映画やドラマはすでにNetflixで見ているので、もうチャンネルが膨大にあるケーブルテレビは、わが家にはもはや不要。必要なのはネットにつながった4Kモニタだけで、「テレビチューナー」も「BSアンテナ」の「ケーブル」もいらなくなります。いずれ、世界中そうなっていくことは間違いありません。

ファックスを捨ててスキャナを買おう

かつては私もファックスも便利に使っていましたが、これも無用の長物になりつつあります。むしろ便利に使えるのはスキャナのほう。どうしても紙のデータを送る必要があれば、必要な書類を小型のスキャナでスキャンし、画像にしてメールで送るほうがずっとスマートです。私は小型で性能のいい富士通のＳｃａｎＳｎａｐで、雑誌や新聞記事をスキャンし、パソコンに保存したり、人に送ったりということもします。Ｅｖｅｒｎｏｔｅというクラウドサービスを併用すると、葉書、名刺をはじめ、あらゆる書類をデータで保存できるので非常に便利。すごいスピードでどんどん読み込んでくれますし、しかも両面スキャンしてデジタル情報化しながらも、画像はそのままで保存されるのです。いただいた紙の葉書のほうはちゃんとシュレッダーにかけていますが、名刺は単に時系列でしばらくのあいだはファイルしています。

古い写真で印画紙にプリントしたものしかない、というようなものも、スキャンしてデータにしておくといい。持ち歩いたらボロボロになってしまうし、色もさらにあせてしまいます。プリントは大事に保存しておいて、データにしてスマホのアルバムに入れてしまえばいつでも見られるし、しかも「補正」が簡単にできます。明るくしたり、プリントの傷を消してしまうこともできる。それに、懐かしい顔を拡大してみることもできますよ。

読みこんだ書類はテキストデータとしても保存されるので、探すのも簡単です。書類の中に書いてあった、キーとなるような単語をいくつか入れて検索すると、探しているその書類が瞬時に出てきます。年賀葉書や名刺から住所を探し出したいなどという時はとても便利！

「捨てられない紙」をたくさん持っている年代にとって、「卓上スキャナ」というのは、なかなか使い勝手のいい、楽しいものなのです。

スキャナを買うほどスキャンしたいものがないという場合は、スマホ用のスキャンアプリを使ってみてください。四角い書類を真上からスマホで撮影すると、自動で背景をカットしてくれたり、光の反射を補正し、本格的なスキャナと変わらない精度を発揮し

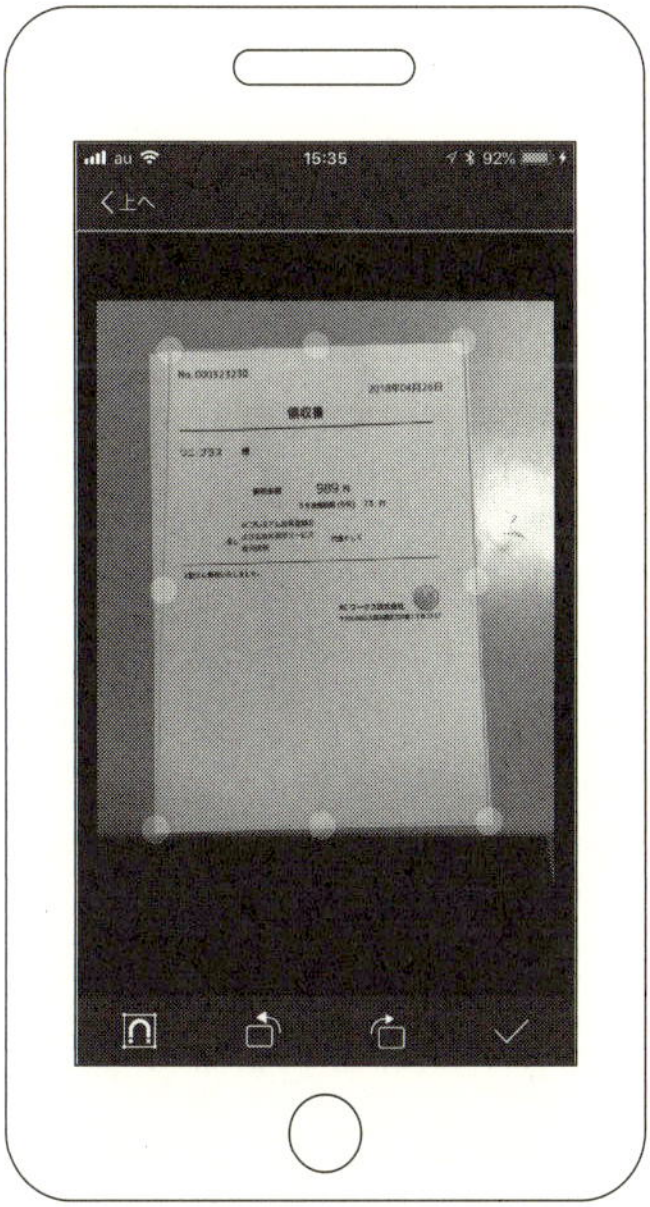

CamScanner（カムスキャナー）

無料・INTSIG Information Co.,Ltd.

書類、領収書などの保存に力を発揮する

家にある「紙」が増えて困っている人にはスキャナが便利。大量の書類を「保存して紙は捨てる」という場合には、小型の卓上スキャナがおすすめだが、領収書の保存など、ちょっとした紙の保存はスマホのスキャナアプリでもじゅうぶん。カメラで撮影するだけだと、光の反射やゆがみなどが気になるが、これらをちゃんと補正してくれる。

てくれます。

スキャンアプリを使わずに、スマホのカメラで撮影するだけでもいいのですが、専用のアプリを使ったほうが書類などはきれいに撮影できて、しかも保存がしやすくなります。

レシートや領収書の管理や、名刺の保存に特化したアプリもあります。Ｅｉｇｈｔ（エイト）というサービスは、スマホで名刺の写真を撮ると、画像と、さらにはなんと書いてある文字をテキストデータにしてくれるのです。アプリひとつで「名刺フォルダ」ができてしまうというすぐれもの。「ああ、これを現役の頃に使いたかった！」と思う今日この頃です。このサービスはＯＣＲ（光学式文字認識）で読みこむだけではなく、最終的に人間が名刺を見ながら文字を確認しているそうなので正確であることは間違いなさそうです。

小型翻訳機、翻訳アプリが進化している

「ちょっと使ってみてください」と編集部に頼まれたのがポケトークというモノ。ソースネクストという会社が出している小さな「翻訳機」です。これが「通訳」の代わりをしてくれるのだそうです。手のひらに入るサイズでごく軽いもので、対応は74言語。言語ごとにインターネット上で最適な翻訳エンジンを利用するので精度が高く、しかも海外対応のＳＩＭが入っているため、通信設定はそのままで海外に持っていっても、１０５の国と地域で使えるといいます。（グローバル通信2年付きの場合）

送られてきた商品のパッケージを開けてさっそく試してみました　日本語と英語で使う場合は、

①まず「日本語」と「English」を選択する
②「日本語側のボタン」を押しながら日本語で話し、話し終わったらボタンをはなす

③ちょっとだけ待つと、ポケトークが英語に翻訳してしゃべってくれる
④ポケトークを相手に渡して、「英語側のボタン」を押しながら話してもらうように教える
⑤ちょっと待つと相手に渡したポケトークが日本語に翻訳してしゃべってくれる

というのが基本。

妻の母国語はフランス語、私はもちろん日本語。お互いに話す時は日本語や知り合った当時使っていたドイツ語も混じりますがだいたい英語です。そこで私が日本語、妻がフランス語のパターン、私が英語で妻がフランス語、というようなパターンをいろいろやってみました。結果的に、私がネイティブではない英語を話した場合もポケトークはちゃんと聞き取ってくれて、フランス語に翻訳して話してくれました。

さすがに同時通訳のようにスムーズ、とはいきませんが、一文ずつ区切って交互に話す、という形であれば会話は成立します。

ただあるていど相手方の言語が話せる場合には、かえってもどかしいかもしれません。特に相手に「このボタンを押しながら話してくれ」というようなことを説明するのが、ちょっとわかりにくい。理想を言えばお互いの間にこの機械を置いておき、どちらの言語でもせいぜい「話し終わったらポンと叩く」ていどで使えるようになればさらにいいと思います。

とはいうものの、まったく相手の言語がわからない国を旅行する時などには、これがあるととても楽しそうです。英語、フランス語、ドイツ語などだけではなく、この機械はアゼルバイジャン語、ウクライナ語、カタルーニャ語、クメール語、スウェーデン語、スワヒリ語、ネパ

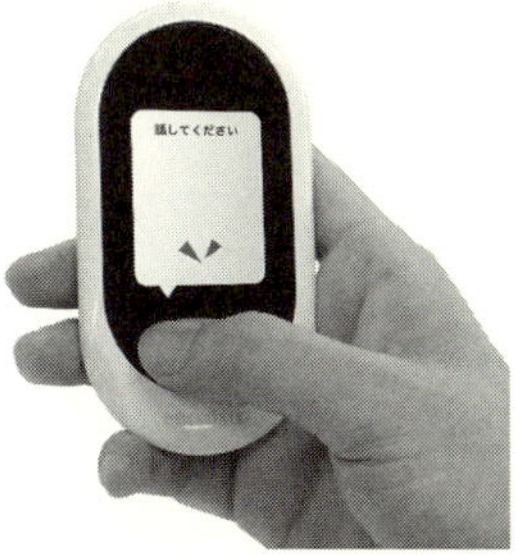

ポケトーク

2万4880円～・ソースネクスト

グローバルSIM
内蔵タイプなら
世界中持ち歩いて使える

スマホの翻訳アプリも数多いが、単体で使える小さな翻訳機。新型は74言語に対応しており、グローバルSIM内蔵タイプだとWi-Fiなしで105の国と地域で使える。これはポケトークの大きなメリットのひとつ。

ール語、ベトナム語と、実に多彩です。旅先での買い物や、レストランでの注文など、これを持っているとかなり楽しいのではないでしょうか。小さな翻訳機そのものがきっかけになって、思わぬ友だちができるかもしれません。

行く予定がなくても、「スワヒリ語の〝ありがとう〟はどう言うんだろう」なんて楽しむこともできます。

グローバルＳＩＭを内蔵したモデルだと、本体の値段に2年間ぶん使い放題の通信料金も含まれていて、対応は１０５の国と地域とありますから、よほどの秘境に行かない限り使えそうです。

無料で今すぐ「翻訳」のサービスを試してみたいなら、スマホにもたくさんの翻訳アプリがあります。Ｇｏｏｇｌｅ翻訳、ウェブリオ英語翻訳、ＶｏｉｃｅＴｒａ、エキサイト英語翻訳、音声＆翻訳など。こちらもポケトーク同様にネットに接続していないと使えませんが、どれも精度は悪くありません。英語の精度では「ウェブリオ英語翻訳」が一番良い、という口コミもありましたが、私自身ではちゃんと比較していないので、

Google翻訳

無料・Google, Inc.

お手軽でしかも優秀！「外国語の看板」まで日本語にしてくれる！

近所に顔見知りの外国人がいたら、ちょっとつきあってもらって試してみるといい。無料でここまでやってくれるか、とかなり感激できるはず。店でたまたま隣り合った外国人観光客と話がはずんでしまうかもしれない。ビックリなのはカメラを利用できるので、外国語の看板を撮影すると、それをちゃんと日本語に翻訳してくれる機能。ぜひ試してみてほしい。

このへんは皆さんが試してみてください。

この本の担当編集者は、コンビニで顔見知りになったネパール人の店員さんと「Ｇｏｏｇｌｅ翻訳」のアプリを試し、レジの前で盛り上がったそうです。ネパール語の翻訳精度は店員さんによれば「だいたい、だいじょぶ」だそうです。

ポケトークは専用機ならではのメリットとして、バッテリーがスマホより長くもつ、マイクとスピーカーが人混みで使いやすいように考えられている、スマホを見知らぬ人に手渡さなくてもいいなどがあげられます。

けれど「機械を使った翻訳ってどんなもの？」というていどなら、まずはスマホアプリで「お試し」を。

故郷のラジオを聴いてみる

ラジオもスマホで聞けます。別にＡＭ、ＦＭのアンテナがついているわけではなく、ネット経由で聴くタイプ。私はｒａｄｉｋｏ（ラジコ）というサービスを使っています。

民放のＡＭ、ＦＭ全局およびＮＨＫ第1、第2、ＮＨＫ－ＦＭの生放送はもちろん過去1週間の番組をすべて聴くことができるので、深夜放送を昼間聴けます。これはなかなか楽しいものです。

パソコンでもタブレットでももちろんだいじょうぶ。

もうひとつ、無料ではないのがちょっと残念ですが、月額３５０円を払うと日本中どこにいても、全国の放送が聴けるのです。東京にいながら故郷のラジオ局の放送を聴くこともできるというわけ。逆に旅行先で、いつも東京で聴いているＪ－ＷＡＶＥも聴く、といったことも可能です。

余談ですが、私はフランスにいる時もｒａｄｉｋｏで日本のラジオを聴いています。本来ｒａｄｉｋｏというサービスは、海外からはアクセスできないのです。こうしたサービスは他にも多くあり、動画配信サービスのＨｕｌｕなども日本国内向けのサービスです。

ＩＰアドレスが海外からだと、アクセスできないようになっているのですね。

radiko.jp（ラジコ）

無料・radiko Co.,Ltd.

どこにいても 日本中のラジオが聴けます

国内向けのサービスのため著者はフランスでは苦労してVPN接続で聴いているが、国内ならば問題なし。民放、NHKのラジオ局がすべて聴ける。ただし、現在地にかかわらず全国のラジオを聴くためにはプレミアム会員（月額350円）になる必要がある。なお、過去の番組が2週間ぶん聴けるサービスは無料。

NHKラジオらじる★らじる

無料・NHK

NHK「だけ」聴きたい人はこれをぜひ

NHK第1、第2、NHK-FMの聴取に特化したアプリ。ニュースがいつでも聴けるのもNHKファンにはうれしいのでは。音声の速度をゆっくりにすることも可能。さすが皆さまのNHK。

実はこれには合法的な解決策がちゃんとあります。それがＶＰＮ（バーチャルプライベートネットワーク）というもの。詳しく説明しろと言われるとちょっと困るのですが、要は外部にアクセスしたい環境と同じようなものを作って、そこを経由して使いたいネットワークに接続するというものです。そうすると社外から社内ネットワークにアクセスするということもできる。同じように海外からでも、国内の自宅と同じ環境を作ることで、国内向けのサービスを利用できるということです。

これはさまざまな業者によるサービスがあり、ものによっては海外のテレビに取り付けて日本のテレビ局の番組を見る、というようなことも可能です。

私はフランスでｒａｄｉｋｏを聴きたい一心で、ＶＰＮの利用を決意しました。しかもなんとかタダで、自分でやりたい。やっと見つけたのが筑波大学が提供している「ＶＰＮ Ｇａｔｅ 公開ＶＰＮ中継サーバー」(https://www.vpngate.net/ja/）です。もちろん無料。私はほとんど知識もないのに無謀にも挑戦し、ああでもない、こうでもないと、えんえんと時間を費やした末、ついに成功したのです！

で、何をしたかというと、フランスで日本のラジオ局の深夜放送を聴き、ついでに国内で契約していた使っていない動画サービスのキャンセルもできました。

これを皆さんに「やってみてください」とは言いません。それでも、意地になってやり遂げた時の満足感は格別でした！　別に誰にも褒めてもらえませんでしたが。ちょっと自慢したくなってＦａｃｅｂｏｏｋに浮かれて書き込んでみましたが、予想どおりほとんど反応ナシでした。話題があまりにマニアックすぎたようです。

ワイヤレスのスピーカーで音楽やラジオを聴こう！

最近話題のスマートスピーカー。「音楽かけて」「明日の天気は？」「今日の予定は」などと声をかけると返事をしてくれる、という例のアレですが、まだ使える分野が限られているようで、あまり私は面白みを感じません。

それにＡＩスピーカーは、会話の内容をクラウドサーバに保存して「賢く」なっていく仕組みです。なんだか、家の中で気楽に話せなくなるような気もしませんか？　妻も、フランス人の同世代の友人たちも、そのあたりにやはり嫌悪感を感じているようです。

常にスピーカーをオープンな状態にしておいたら、会話内容を分析して選挙の投票分析などもできてしまうのでは、などと考えたくもなります。だからといってAIをオフにしておいたら、スピーカーは学習してくれませんからバカのまま、ということに。このあたりは、しばし静観しようと思っています。

それよりも、ブルートゥースに対応した普通のワイヤレススピーカーを買ったほうがいいと思います。こちらはおすすめです。

パソコンに取り込んであるCDの音楽を聴く、スマホのradikoでラジオを聴く、という時には最高です。ブルートゥースという規格に対応したスピーカーは数千円からあります。私はフランスでSONYのものを買いましたが、素晴らしい音質に感激。好きなサラ・ブライトマンなどを気持ちよく聴いています。

ブルートゥーススピーカーは電源につなぐだけで配線の必要もなく、スマホの側から一度「ペアリング」をするだけですからほんとに手間なし。要するに、ワイヤレスのマウスやキーボードとまったく同じ仕組みです。

Amazon Music（アマゾンミュージック）

無料・AMZN Mobile LLC

日常のBGMは これでじゅうぶんすぎます

音楽のダウンロードサービスはiTunesをはじめ数多く、日に日に利用者が増えている。CDが売れなくなるのはもっともな話。しかし、無料の音楽配信サービスは非常にうれしい。Amazonのプライム会員ならぜひこれを使おう。有料のアマゾンミュージック・アンリミテッド（月額980円）には劣るが、日常のBGMにはじゅうぶんな音楽が聴き放題。ワイヤレスのスピーカーと併用すると、家の中にいつも音楽があふれる。１曲ずつ選択しなくてもいい「プレイリスト」が大量にあるので、ほとんど家に有線放送をひいたようなものだ。

Ａｍａｚｏｎプライムの会員になっていると、先ほど書いたとおり、かなりの数の映画が見られるだけではなく、音楽も楽しめます。Ａｍａｚｏｎミュージック・アンリミテッドは月額９８０円（４０００万曲聴き放題）ですが、プライム会員の特典として、１００万曲ていどが無料で聴けます。我が家のＢＧＭはこれでじゅうぶん。「読書しながら聴くジャズ」とか「静かなピアノ曲」など、さまざまなプレイリストも用意されているので、1曲ずつ選曲しなくても、素敵な音楽が部屋にあふれます。

ブルートゥース対応のスピーカーは、旅行に持っていけるスタイリッシュで小型のものもあり、ホテルの部屋で音楽を聴きたいという人にはうってつけでしょう。

ただ、ｉＰａｄから聴いたり、ｉＰｈｏｎｅから聴いたり、ｉＰｈｏｎｅを持ってうろうろしたりするため、いちいち接続しなおす、という必要があるのが、ちょっと不便。自宅用のパソコンなど、動かさないもの1台に対してスピーカー1台ならいいのですが、複数の人がそれぞれスマホを持って暮らしている家の中に共用スピーカーがひとつ、というのはちょっと使いにくい気がします。

日本の電話、通信をもっと安く、もっと使いやすく！

この章では、私が普段使っているものを中心に、定年前後の世代が使いやすく、しかも生活がちょっと楽しくなるようなアプリ、サービス、グッズなどを少しだけ紹介しました。

ただ、書いていながら、つくづく思うのです。

これらのサービスは、いずれもインターネットを利用するもので「ネットに接続できる環境」を確保することが前提になっています。

けれど、実際のところ「ネットにつなげる」というのは、初めて自分でやろうという人にとって、それほど簡単なものではありません。やってしまえばたいしたことはないのですが、「最初の一歩」はもっともっと、簡単であるべきです。もちろん、料金も今よりはるかに安くしてほしい。

ケータイ料金ひとつとっても、どこが安いとか、どれとどれを組み合わせれば安くなるとか、どうすれば便利になるとか、ならないとか、ワケのわからないことが多すぎます。「わからないことを調べることは楽しい」とは書きましたが、この手のものは本当にややこしく、しかもややこしさの理由が、そもそもは総務省の規制のせいだったりするので、アタマに来ることが非常に多い。政府の役割は本来「あるべき形」のほうを先に考えて、不要な規制をはずすべきなのです。

数年前には安倍首相が、最近は官房長官が「ケータイの通話料はもっと安くすべきだ」とか「4割下がる余地がある」とかなんとか言いましたが、自分たちのリーダーシップのなさを棚にあげて、企業のせいばかりにするのはお門違いです。そもそもここで政府が介入してくるのはおかしいでしょう。携帯電話会社の株価が下がるだけのことで、根本的な変化にはつながりません。

ただ現状日本の電話料金が高いことだけはまぎれもない事実で、そのスキをついて、LINEなどが伸びたということだと思われます。

本来の理想的な形でいえば、ひとつの電話番号ですべてがシームレスにつながることがもっとも良いはずです。電話番号というのは便利なものですから、インターネット電話だろうが、「切り替える」とか「乗り換える」とか「乗り換え手続きをする」とか、そういうことを意識せずに使えるシステムができる「環境」こそ、総務省が主導して用意すべきではないでしょうか。

公衆Ｗｉ－Ｆｉについては、「セキュリティ」だけが問題にされて、日本ではさっぱり普及しません。海外に比べるとスポットは非常に少ないし、使いにくい。場所によってパスワードを要求してきたり、まずは利用登録しろと言われたり。

私は専門家ではありませんが、とりあえずｉＰｈｏｎｅには、タウンＷｉＦｉとそれに付属する無料のＷｉＦｉプロテクトというアプリを入れています。タウンＷｉＦｉは近所で接続できるＷｉ－Ｆｉを探して自動接続してくれるアプリで、ＷｉＦｉプロテクトは、ＶＰＮという方式で通信内容を無料で暗号化してくれるアプリです。「最悪」の場合、公衆無線Ｗｉ－Ｆｉでネットを利用すると、発信地や内容が同じＷｉ－Ｆｉ圏内の人に「筒抜け」になるというのが、セキュリティ上の「リスク」ですが、私見で言えば、どんな電話でもメールでもハックしようと思えばできないことはない。いろんな国の首相の携帯電話が盗聴されていたことが、つい先日もニュースになりました。通信内容が本当に外部にぜったいに漏れてはいけないという場合以外、一般の人が日常の連絡、ウェブの閲覧をするレベルなら、一定の防御をしておけば、それ以上に神経質になりすぎることはないと思います。この分野では進んでいるはずの中国ですらＶＰＮには手を焼いているといわれています。

現状でどの通信方式が「もっとも安全なのか」ということについては、私にはわかりません。けれど、一般の人が使う側の利便性を考えれば、特別な知識がなくても「国内でも国外でも同じスマホで、どこでも自動的にネットにつながる、ネットも通話も今払っている料金範囲内で使える、電話番号は同じ電話機ならどのサービスを使っても同じ番号で使える」というのが当たり前にならなければおかしいと思います。

それに固定電話とケータイを「分けて考える」というのも、将来的にはなくなっていくべきでしょう。電話番号は家族でもそれぞれ「個人」が持っていたほうが便利ですが、共有の「家族用」つまり「固定電話」も必要と思う人もいるかもしれない。しかし家族共用の電話もさっさとインターネット電話にしてしまえば、「固定から携帯」「固定から固定」で料金が違うとか、現在のわけのわからない状態も解消できるはずです。

私がフランスで過ごす家の電話は、固定電話もOrange（旧称・フランステレコム）という会社のインターネット電話で、家の電話だけではなく、テレビの視聴室内のＷｉ－Ｆｉも含まれる一括のサービスを利用しています。さらに安いＦｒｅｅなどの会社も登場し新しいサービスを始めてくれたおかげで、フランスの家の電話から日本の固定電話にかける時は無料。ただし、日本からフランスにかけると有料。妻の母が健在だった頃、フランスから日本の娘に電話をするのは無料ですが、妻が日本からフランスのお母さんに電話すると有料。当然妻は、お母さんからかけてもらうようにしていました。なんだか、ヘンだと思いませんか。フランスではこうした家庭のインターネット電話が普及してから、Ｓｋｙｐｅなどを使う人はどんどん減っています。

日本の固定電話も、ＮＴＴの交換機が寿命を迎えるからという理由でＩＰ化が決まってはいます。けれど総務省の「ロードマップ」とやらを見てみたら、「ＩＰ化」の目標は２０２５年。東京オリンピックの5年後です。この「遅さ」というのはあり得ないと思う。こんな時間軸で、わけのわからないロードマップばっかり作って、日々の決断をしないから日本の通信環境は遅れていくのです。

しかも2025年の段階で総務省が想定している通話料は、全国一律になるとはいってても現行の市内通話と同じ3分8・5円だとか。海外通話については言及もされていない。インターネット電話なら、世界中どこへかけても基本料金以外は無料、というのは誰が考えても当たり前だと思うのですが。

技術的な方式はともかく「国民はみんな固定電話がなくてはダメ」という概念自体がすでに時代遅れでしょう。だって20代世帯の固定電話加入件数というのは、すでに1割強にすぎないのです。

ここでも「日本独自の技術や方式」と「信頼性」とやらを振りかざして推し進めたら、これまた「ガラパゴス化」してしまうのではないのかと思います。

ユーザー同士がわざわざ同じサービスに登録しないと利用できないなど、いくら無料であっても使い勝手がいいとはまったく言えません。相手がケータイだとか固定だとか、使っているサービスが違うとか、相手の利用サービスなど意識せずに同じ電話番号でコミュニケーションできることこそが、もっとも大事です。それで支障があるケースにのみ対応できるサービスを考えればいいはずです。

企業の大小を問わず、誰でもがこうしたシステムの構築に参加できる環境を用意することこそ、政府のリーダーシップではないでしょうか。そうしなければ競争原理は働かないし、料金は下がらず、使いやすくもなりません。

ソフトバンクの孫正義さんが「海外からの旅行者のために公衆Ｗｉ－Ｆｉを増やすことにはセキュリティ上疑問がある。むしろ海外から来た人が日本の電話網を使ったＬＴＥのローミングサービスを定額で安く使えるようにしたほうがずっといい」と発言して、Ｗｉ－Ｆｉ事業者の反発を買いましたが、日本を訪れる人を含め、使う側としては「無条件に無料であってほしい、しかも世界標準であってほしい。日本国中自動的にシームレスに繋がってほしい。もしセキュリティ上の問題があるのなら、ちゃんとそちらで手を打ってほしい」ということだと思います。

使う側がいちいち、セキュリティの仕組みまで調べて選択して登録したり、あれこれ比較したりしなくてはいけないような形は不自然すぎるのです。

そうなれば、さまざまなサービスの敷居はずっと低くなり、「デジタルは苦手」「スマホは苦手」という人はいなくなるでしょう。本当の意味でのバリアフリーになる。

こうした話題をFａｃｅｂｏｏｋにちょっと投稿したりすることがありますが、同世代の友だちからの「反応」がびっくりするほど薄いのはちょっと残念な気がします。Fａｃｅｂｏｏｋでややこしい議論などするつもりはないのですが、スマホでもタブレットでも、少しアクティブに屋外や旅行先でも、自分で使ってみれば「問題点」もわかるし、企業や政府の方針にも、自らの意見を持てる。「自分にはもう関係のない話題」と思ってしまったら、そこで終わりです。「こうあるべきじゃないの」「どう思う?」と遠慮なく知り合いに疑問をぶつけたり意見を聞くこと、またそうした相手を持てることこそ、定年以降の人生を楽しむための大きな要素でもあると思います。

おわりに

以前、五木寛之さんの本の新聞広告に「人生の階段をのぼる」という図がありました。そこには「50代は事始め、60代は再起動、70代は黄金期、80代は自分ファースト、90代は妄想のとき」と書いてあった。本のキャッチコピーは「長すぎる人生をどう味わうか」「変化にとまどう大人たちへ贈るまったく新しい生き方の提案」とありました。

けれど、50代~90代の図に添えられた言葉は、「人生の階段をのぼる」ようには見えませんでした。むしろ「階段をくだる」のほうが的確だなという印象を持ったのを覚えています。

確かに、人生が昔と比べると相当に長くなってきて、それはそれでありがたいことなのですが、自分の人生が長すぎると感じた時点で、その人の人生は「負け」、失敗なのだと思っています。

60代に入って、定年退職して再起動した時、私たちは一度すべてをリセットしなければなりません。そして初めて、長い人生の最終的な目標にしてきた「本当の人生」という意味で私が勝手に「本生（ホンナマ）」と呼んでいる「黄金期」にようやく入っていけるのです。そして、どうせなら、その黄金期を人生の最後の最後まで、長く続けていくべきなのです。

それに必要なことは何かと言えば、結局すべて自分の努力だけなのです。五木さんの言う「自分ファースト」とか、「妄想のとき」というのは、自らの努力をなくし、社会への積極的な働きかけをなくし、いつの間にか心理的に防御の態勢に入ってしまったときの言葉のように思えます。いくら80代でも90代でも、そんなフェーズに入り込んではダメなのです。

人生の黄金期をできるだけ長く楽しみ続けるにはどうしたらよいかということが、実はこの本のメーンテーマ。つまり、理想は昔から言われている「ピンピンコロリ」なのです。

この本では取り上げなかった「お金」と「健康」も、黄金期の「本生」の継続に深く関係のあることがらです。

一番重要なのは言うまでもなく健康です。そうは言っても、今の日本では健康年齢は意外と早く終わり、平均寿命より10年近くも早くやってきます。平均的な人は、その10年間もの長い期間を不健康な状態で過ごさなければいけないのです。せっかく黄金期の「本生」のために貯めたお金を医療費だけに使わなければいけないという残念なことになってしまう。

私は今、南フランスにいて、この「おわりに」を書いているのですが、先日、友人の家で、昔から知っている70代のフランス人ばかりの仲間の集まりがありました。私を入れて11人が集まったのですが、その中のひとりの奥様は数週間前に転んで骨折し、自宅療養中のため参加できずじまいでした。彼女は以前から健康面に不安を抱えており、そのためかとても痩せていて、仲間はこんなことが起きるのではないかと、とても心配していたのです。

食事の前に、しばらくシャンペンを飲みながら皆で立ち話をしていたのですが、ふと見ると、中の2人はいつの間にか途中で椅子に座り込んでしまっています。膝が痛い、腰が痛いとかで立っているのが辛いようでした。

同じ年代でも、少しずつ友人たちが「健康寿命」の期間からポロポロと脱落して不健康の期間に入っていくのです。多くの人たちが、こうしたことをきっかけにして、だんだんと健康面でのVicious Spiral（悪循環）に入ってしまう。膝や腰が痛いから動かさない→筋力・体力が落ちる→さらに動けなくなる、という悪循環は、体の他の部分にも、そして気持ちにも悪影響を与え始めるでしょう。

お医者さんにかかれば、必ず治してもらえるかといえばそうではありません。大きな病気であればお医者さんにすべておまかせして、ひたすら全快を祈る以外はありませんが、大病ではなくても年をとればあちこちが少し痛い、調子があまり良くない、どうも本調子でない、そんな小さな兆候は誰にでも現れます。少しずつ「健康問題」が身近にしのびよってくる。「どうすればいいでしょう」と、お医者さんに相談しても「ま、加齢ですね」と片付けられてしまうていどの話です。

その昔、私が現役の頃、ほったらかしてあった大きな問題を解決しようと分析してみると、解決されていなかった小さな問題が寄せ集まって大きな問題になっていることに気づきました。そこで、「問題は分解して解決しよう」と旗を振っていた時期があったのですが、加齢による健康問題もまさに同じように感じます。健康問題が小さなうちに、問題が寄せ集まって大きくなる前に、ひとつずつ些細なうちに治していく姿勢がとても大切です。

例えば、歯に少しでも不快感を感じたら、その歯の周りをデンタルフロスできれいにする、口腔洗浄器で洗ってみる、指でマッサージを加える、電動歯ブラシでも丁寧に磨く。小さな問題を感じただけの段階であれば、これだけのことでたいていの場合は治るものです。若い時は、歯肉も引き締まっていてきれいなピンク色だったのでしょう。でも加齢とともにそれが緩んでいくのは仕方のないことなのですが、それを中途半端にほっておくと、歯槽膿漏まではいかなくとも歯医者さんに何回も通うはめになります。

人生を良くするも悪くするのも自分なのです。自分の体調に耳を傾け、常にじゅうぶんな睡眠をとり、適度の運動と、丁寧なストレッチをして、自己の体調管理を図っていくことは本当に重要だと思います。

私の場合も、退職してすぐジムに通い始め、トレーナーに教えられたとおり、股関節と肩甲骨の運動とストレッチを継続しています。体がふらつかないように体幹を鍛えるトレーニングもやっていますし、歯を磨きながらスクワットをやり、自宅で暇があって映画を楽しむ時は、ストレッチをしながら見ています。おかげで、毎年1回はやっていたギックリ腰もなくなり、フランスに来ると週に3回のゴルフを歩きで楽しんでいます。下手くそで、ボールがあちこちに飛ぶおかげで、1回のゴルフで1万7000歩は歩くことになります。昔はゴルフをすると翌日は腰が痛かったのですが、そんなに歩いても今ではスッキリ、まったく問題がありません。ゴルフを下手なままにしているのも、実は健康のためだと密かに思っている次第です。

いったん健康年齢を終え、不健康の悪循環に入り込んでしまうと、そこから抜け出すことはなかなかむずかしいことです。だからこそ健康年齢が終わらないように、自分でできる努力を重ねていくことです。ストレッチは痛いから嫌だと、長続きしない人も多いかと思いますが、ジムのトレーナーから習ったのですが「痛《いた》気持ちいい」感覚をつかめたらシメたものです。痛みだけではなく、気持ちの良さが少しずつ重みを増していくようになり、結局は、それがご自分の健康につながっていくのです。

そうです、定年退職後に人生をより楽しむという観点から見ると、自分でできる部分がやたらと多いのです。いやむしろ、すべてが自分にかかっているのだという意識こそが重要です。いわゆるヨーロッパ風の自己責任です。日本人はその点、気が弱くすぐにあきらめてしまうというのか、他力本願のところが多いので気をつけなければいけません。「おじいちゃん、おばあちゃん、長いことご苦労様でした、ゆっくりしてくださいね」なんて言われて、その気になったら一巻の終わりです。

健康の次に重要なお金は、自分で働いて貯めてきたものをどううまく使うかを徹底して勉強すること。

本来なら働いているうちにじゅうぶんに研究しておく必要があります。時間をかけて、できるだけ増やしておくことも大事です。学校へ行って投資を学んでも良いと思います。

またそうした勉強に、ネット、スマホのアプリは非常に強い味方です。もちろん実際の投資を行う際にもなくてはならない情報収集、資産管理ツールとなってくれます。

そしていよいよ「本生」の時期に入ったら、どうせ同じ金額を使うなら、楽しみながら、使いたいものです。「これだけ良いものをさらに安く買えた！　シメた！」と思いながら使うに越したことはありません。何もお金持ちだけがお金を楽しんで使えるわけではありませんし、彼らには彼らなりのもっと大きな悩みがあるはずです。

そして健康を自分で整えて元気で暮らしていけば、当然のごとく、気力、意力、根気、やる気、ガッツが湧いてきますから、人生の黄金期である「本生」を、最後の最後、ポックリいくまで、長〜く楽しめるのです。

この本はお金と健康については「今のところ、まあなんとかなっている」という方たちに向けて黄金期の「本生」をどう積極的に楽しむかということを主眼に書かせていただきました。

再起動が終わり、気持ちに余裕ができて、しかも健康なら、気力が充実し、好奇心はどんどん湧いてくるものです。

しかも、人類が二度と経験できないような、ITの大きな進歩が目の前にあるわけですから、どうせならそこに思いっきり飛び込んでみて、楽しんでみてはいかがでしょうか？　これはストレッチと同じ、初めは「痛い」だけなのかもしれませんが、それを越えるとストレッチ同様、「痛面白い」ということになってくるはずです。しかも、ITに強いとなると、誰からも一目置かれるようになり、ひょっとすると前の会社の肩書よりも尊敬される人間になれるかもしれません。そう考えると楽しいですね。

自らの力で人生を再起動し、黄金期の「本生」を、Virtuous Spiral（好循環）で大いに楽しんでいただけたら幸いです。


２０１８年９月、南仏コートダジュールにて

吉越浩一郎

リタイアライフが10倍楽しくなる

定年デジタル

著者 吉越浩一郎

2018年10月25日 初版発行

吉越浩一郎（よしこし・こういちろう）
1947年千葉県生まれ。ドイツ・ハイデルベルク大学留学後、72年に上智大学外国語学部ドイツ語学科卒業。極東ドイツ農産物振興会、メリタジャパン、メリタ香港勤務を経て、83年トリンプ・インターナショナル（香港）に入社。86年よりトリンプ・インターナショナル・ジャパンに勤務。92年に代表取締役社長就任。スピードと効率重視のユニークな制度を次々と取り入れ、19年連続の増収増益を達成。2004年「平成の名経営者ランキング100人」（日本経済新聞）のひとりに選ばれる。06年社長を退任。08年ベストドレッサー賞（政治・経済部門）受賞。現在は夫人の故郷である南フランスと、東京を拠点として講演・執筆などを行っている。著書に『「残業ゼロ」の仕事力』（日本能率協会マネジメントセンター）、『吉越式会議』（講談社）、『デッドライン仕事術』（祥伝社新書）、『会社を踏み台にする生き方』（マガジンハウス）、『君はまだ残業しているのか』（PHP文庫）ほか多数。趣味は飲み会。座右の銘は自分で作った「成功するまでやれば成功する」。好物はラーメンに餃子。

発行者 佐藤俊彦
発行所 株式会社ワニ・プラス
〒150-8482
東京都渋谷区恵比寿4-4-9 えびす大黒ビル7F
電話 03-5449-2171（編集）
発売元 株式会社ワニブックス
〒150-8482
東京都渋谷区恵比寿4-4-9 えびす大黒ビル
電話 03-5449-2711（代表）
装丁 橘田浩志（アティック）
柏原宗績
DTP 平林弘子
印刷・製本所 大日本印刷株式会社

ISBN 978-4-8470-6136-3
ワニブックスHP https://www.wani.co.jp